荷花出版
EUGENE GROUP

BB玩出大潛能

103個親子遊戲
適合0-6歲孩子

U0122952

荷花出版

BB玩出大潛能

出版人：尤金

編務總監：林澄江

出版發行：荷花出版有限公司

電話：2811 4522

排版製作：荷花集團製作部

印刷：新世紀印刷實業有限公司

版次：2024年3月初版

定價：HK$99

國際書號：ISBN_978-988-8506-66-8

© 2024 EUGENE INTERNATIONAL LTD.

荷花出版
EUGENEGROUP

香港鰂魚涌華蘭路20號華蘭中心1902-04室
電話：2811 4522　圖文傳真：2565 0258
網址：www.eugenegroup.com.hk
電子郵件：admin@eugenegroup.com.hk

勤固有功，戲怎無益？

如何令小朋友學習？或者説，用甚麼方法可讓孩子有效地學習？你會説，有很多方法的，例如這樣的教學法、那樣的教學法等。不過，最基本的一個原則，就是從遊戲中學習！

要小朋友去學習一樣東西，首先要明白他們的心理，越小年紀的孩子，專注力越低，如果你要教一位年紀小的孩子學一樣東西，卻滔滔不絕地向他講解，不消一兩分鐘，他便掉頭走了！不要怪他，只能怪自己不懂幼兒心理。其實，令孩子有效學習，先要明白孩子的天性是甚麼？就是愛玩！無論甚麼種族的孩子，愛玩是他們與生俱來的天性，並無例外。教懂孩子去學一樣事物，可透過不同的遊戲達到目的，例如利用不同的道具、互動遊戲，或者繪本故事等，都可傳遞有關信息，令孩子領略箇中知識。

本來，利用孩子天性愛玩的原則，來教導孩子學習不是甚麼難明的道理，可是，有些家長仍然埋藏着「勤有功，戲無益」的種子在心底裏，認為「玩樂喪志」，多玩無益，只有勤力讀書學習，才是唯一之道。殊不知這種思想已不合時宜，他們不知現今一代已換了口號：work hard, play hard！我們可看看每年出產的一批會考狀元，個個都是讀得之人，同時也是玩得之人！絕不是只顧死讀書的書呆子之輩！

特別對我們的小朋友，千萬不要讓他們在學習起步點覺得乏味，否則會令他們認為學習是一個苦悶的過程，沒有趣味的東西，從而令他們不願學習，甚至怕了學習！現今一代的家長，是時候改變「勤有功，戲無益」的過時思想了，只有透過玩，才令孩子學得有趣。本書為了讓家長掌握玩的秘訣，請來30位專家設計共百多個親子遊戲。本書分為三章，首章「生活啟智遊戲」，利用日常生活物品作遊戲工具；第二章「手腳並用遊戲」，利用小朋友四肢玩遊戲，達致手腳及手眼協調之效；末章「主題式遊戲」，透過遊戲教小朋友學習數學、STEAM等，達到從遊戲中學習的目的。

「勤固有功，戲怎無益？」勤力固然有功，但遊戲怎會無益呢？家長們，請多多與孩子一起玩吧！

目　錄

Part 1 生活啟智遊戲

Friso 美素佳兒®

荷蘭自家農場 自然安心

香港
銷 **1** 售
美素佳兒®金裝

原乳免疫力量　　　　皇牌有機　　　　No. 1 易消化
　　　　　　　　　　營養豐萃　　　　　　易吸收

Part 2　手腳並用遊戲

Part 3  主題式遊戲

鳴謝以下專家為本書提供資料

陳珮鏗 / 註冊社工
劉葆琪 / 註冊社工
樊婉婷 / 註冊社工
文珮琪 / 註冊社工
邱岱溶 / 註冊社工
張凱盈 / 註冊社工
鄭文琦 / 言語治療師
梁芷琳 / 言語治療師
許彩玉 / 註冊物理治療師
黃勵庭 / 註冊物理治療師
鍾惠文 / 註冊物理治療師
劉學敏 / 職業治療師
羅懿德 / 職業治療師
伍玉玲 / 職業治療師
呂蔚昕 / 職業治療師

黃文儀 / 遊戲治療師
林碧君 / 遊戲導師
霍凱霖 / 教育心理學家
李杏榆 / 註冊營養師
陳嘉儀 / 香港公開大學幼兒學系導師
張森烱 / 教大幼兒教育系助理教授
洪進華 / 浸大教育學系高級講師
黃佩蓮 / 基督教信義會祥華幼稚園校長
沙鳳翎 / 教育中心創辦人
唐倩怡 / 教育中心創辦人
陳斯皓 / 教育中心創辦人
梁嘉敏 / 課程發展總監
黃永森 / 中國香港體適能總會行政總監
Helen / 社區學習平台「自然遊樂」創辦人
Ella Lee / 藝術教育中心主任

Part 1

生活啟智
遊戲

在日常生活中，有不少物品都可利用作為
小朋友的遊戲工具，譬如匙羹、衣夾、衣架，
甚至廢棄物品如廁紙筒、飲品盒等，都可以變身為
益智遊戲，如何變身？本章分有 28 類共 80 多個
遊戲供你參考，家長不妨照住玩。

匙羹遊戲

專家顧問：陳珮鏳/註冊社工

匙羹是我們時常接觸到的進食工具，它除了可以用來舀食物外，更可以用來玩遊戲，配合其他物品，如乒乓球、豆子、糖果盤等，便可以玩出千奇百趣的遊戲，更可以加強小朋友不同的能力呢！

遊戲❶：水中尋寶（適合4至6歲）

《奪寶奇兵》、《盜墓者羅拉》等尋寶電影，每每非常賣座，無他的，只因其內容夠刺激，大家都希望化身其中一角去尋寶。以下這遊戲同樣與尋寶有關，看小朋友是否眼明手快尋得寶藏。

How to play ?

- 家長先準備一個大膠盆，注入適量的水；
- 放入多個不同顏色的乒乓球，並準備匙羹；
- 家長可以要求小朋友依指示舀出正確顏色的乒乓球。

Advantages

- 能夠訓練小朋友的專注力；
- 提高他們的手眼協調能力；
- 加強他們的視覺追蹤能力；
- 能夠鍛煉他們的小肌肉。

小貼士
遊戲的方式可以根據小朋友的能力而更改，例如可以請他們依據顏色次序舀出乒乓球。

① 我要舀起這個橙色乒乓球。

② 我舀起這個綠色乒乓球了。

遊戲 ❷：音樂小子 (適合4至6歲)

音樂的種類有許多，既有柔和的、也有Rock味十足的，每個人總可以找到適合自己的音樂。以下這遊戲便與音樂有密切關係，看看小朋友能創作甚麼類型的音樂。

How to play？

- 家長先準備三種不同類型的豆子、三個膠樽及一隻匙羹；
- 請小朋友用匙羹分別將三種豆子舀入三個膠樽內；
- 完成後蓋上樽蓋，然後大家利用這個小樂器創作不同的音樂。

Advantages

- 可以提高小朋友的專注力；
- 加強他們的手眼協調能力；
- 鍛煉他們的小肌肉；
- 刺激他們的聽覺。

小貼士
家長需因應膠樽口的大小來挑選豆子，因為豆子太大的話，便不能順利放進樽內。

① 家長先準備大小不一的豆子，給予小朋友用匙羹舀入樽內。

② 我用這種豆子奏出不同的樂曲。

遊戲❸：**運球大賽**（適合4至6歲）

用手、腳來傳球並不稀奇，但用匙羹來傳球則比較少有。以下這個遊戲便是利用匙羹來運球，再把球放入適當的位置，相當考小朋友眼力。

我一定能夠將這些乒乓球放在適當的位置。

家長於糖果盤內貼上不同顏色的紙條。

How to play ?

- 先準備兩種顏色的乒乓球多個、一個有分格的糖果盤；
- 家長於糖果盤的格內，隨意貼上與乒乓球顏色相同的紙條；
- 請小朋友用匙羹把乒乓球舀入貼有相同顏色紙條的格內。

Advantages

- 可以訓練小朋友的專注力；
- 培養他們的手眼協調能力；
- 加強小朋友的小肌肉。

小貼士
當小朋友熟習後，可以加多幾種顏色的乒乓球來進行遊戲，甚至可以要求小朋友在限時內完成，增加刺激及趣味性。

12

筷子遊戲

專家顧問：鄭文琦/言語治療師

中國人吃東西時，多會使用筷子來夾食物。製造筷子的物料相當多，而顏色、粗幼、長短及款式亦層出不窮。本文介紹的遊戲便與筷子有關，小朋友現在就準備多款不同的筷子，與爹哋媽咪玩遊戲。

遊戲❹：砌砌小綿羊 (適合3至6歲)

軟綿綿、白雪雪的綿羊相當受小朋友歡迎，但在香港要見到真正的綿羊並不容易。不如現在利用筷子及棉花球來設計一隻綿羊，既考創意又鍛煉小肌肉。

How to play？

- 家長先準備一張印有綿羊圖案的紙、一對筷子、一支漿糊筆及一些棉花球；
- 請小朋友先在綿羊身上塗滿漿糊；
- 然後，請小朋友利用筷子夾起棉花球，並貼在綿羊身上，貼滿綿羊的身體。

Advantages

- 可以鍛煉小朋友的小肌肉；
- 加強他們使用筷子的能力。

小貼士
如果小朋友尚未懂得如何使用筷子，家長可以給他們使用「初學者使用」的款式，讓其學習如何使用筷子。

遊戲4

❶

❸

讓我先將綿羊塗滿漿糊。

我要將棉花球貼滿整隻綿羊。

遊戲 ❺ ：手指大作戰 （適合3至6歲）

　　以下介紹的這個遊戲，相信很多爹哋媽咪都曾經玩過，所用的工具可能是一些顏色竹籤，或非常細小的膠刀膠劍，今次同小朋友玩時則改用筷子。家長與小朋友可以一邊玩一邊回憶童年時的片段。

How to play？

- 家長先準備多對不同顏色的筷子；
- 先將它們握在手中，然後放開手，讓它們隨意散放於桌上；
- 家長及小朋友輪流從筷子堆中撿起一隻筷子，但不可以移動到其他筷子。

Advantages

- 能夠提高小朋友的手眼協調能力；
- 加強他們前臂的穩定性。

> **小貼士**
> 家長可以因應小朋友的能力來加減筷子的數量，亦可以增加參與者的人數，令遊戲更加刺激好玩。

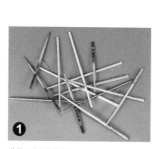

❶

❷

將筷子隨意散滿桌上。

好緊張啊！幸好沒有觸碰到其他筷子。

遊戲❻：筷子小工匠 (適合3至6歲)

　　不要小覷簡簡單單的一對筷子，以為用它們來玩遊戲沒有變化，其實，只要用三隻筷子已經可以砌出一個圖案，越多筷子變化便越大。

原來用筷子可以砌出這樣的圖案。

放下這隻筷子便可以完成了。

How to play？

- 家長先準備多隻筷子；
- 家長先對小朋友示範如何運用筷子來砌圖案；
- 然後，請小朋友動動腦筋利用筷子來砌圖案。

Advantages

- 能夠提高小朋友的思考能力及創意思維；
- 提升他們的視覺感知能力。

小貼士
家長準備筷子時，可以準備不同長短及顏色的筷子，方便小朋友進行創作。

飯碗遊戲

專家顧問：劉葆琪/註冊社工

碗有不同質料、大小、顏色，但對我們來說，它們的用途都是用來盛載食物。碗其實是很好的遊戲工具，既可作樂器，又可以鍛煉眼界。現在為各位小朋友示範三個與碗有關的遊戲，相信一定玩得開心。

遊戲 ❼：小獵人 （適合3歲或以上）

獵人最重要是眼界準確，否則不是被獵物逃跑了，便是射不中獵物，白白浪費彈藥。以下這個小獵人遊戲，小朋友需要有好眼界，亦要有好身手，才能把乒乓球一一蓋住。

物資： 膠碗數個、乒乓球數個

How to play ?

- 家長準備數個乒乓球，給小朋友一隻膠碗，把它覆轉握在手中；
- 家長在桌上逐一把乒乓球推出，小朋友要眼明手快用碗蓋着這些乒乓球；
- 當小朋友熟練後，家長可以同時推出不同顏色的乒乓球，請小朋友蓋住指定顏色的乒乓球。

A+ 智睿®

No.1

醫護推薦支持
免疫力及
腦部發展^

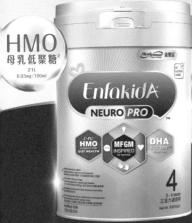

HMO
母乳低聚糖[2]
2'FL
0.03mg / 100ml

EnfakidA+
NEURO PRO

HMO | MFGM | DHA

4
3 - 6 years
三至六歲適用

MFGM
母乳黃金膜[1]
含 **100+**
母乳活性蛋白[*]

Advantages

- 能夠訓練小朋友的集中力；
- 加強他們手眼協調的能力；
- 提高他們眼球追蹤的能力。

小貼士
以膠碗進行此遊戲較為安全，避免小朋友樂極忘形時把陶瓷碗打破而受傷。

家長先推出一個乒乓球。　　　　　　　*小朋友眼明手快，輕易把乒乓球蓋住。*

遊戲⑧：眼仔「睩睩」 （適合3歲或以上）

顧名思義眼仔「睩睩」，又是一個考眼界的遊戲，小朋友必須留心注意碗的移動，才能找到乒乓球正確的位置。這遊戲好玩又刺激，相當富趣味性。

物資：碗3隻、乒乓球1個

How to play？

- 家長先把3隻碗倒轉放在桌上，把一個乒乓球放入其中一隻碗內；
- 然後，家長把碗不停移動，轉換它們的位置；
- 之後，請小朋友猜一猜乒乓球在哪隻碗內。

Advantages

- 能夠訓練小朋友眼球追蹤的能力；
- 能訓練他們視覺專注力。

小貼士
謹記別使用透明的碗，否則便失去當中的意義。家長可以加快移動碗的速度或增加碗的數目。

家長把碗不停移動，請小朋友猜一猜。　　　　小朋友細心留意，一定能猜中。

遊戲**9**：**音樂模仿大賽**（適合3歲或以上）

　　音樂能夠陶冶性情，從小培養小朋友對音樂的興趣是非常好的事，但不一定要使用真正的樂器，用碗、杯或碟作樂器，同樣有理想效果。

物資：陶瓷碗、杯、碟各1件、筷子1對

How to play ?

- 家長先把碗、杯及碟放在桌上，家長及小朋友各取一隻筷子；
- 家長先用筷子敲擊一些節奏，請小朋友留心聆聽；
- 然後，小朋友模仿家長先前的節奏敲擊出來。

Advantages

- 能夠訓練小朋友聽覺專注力。

小貼士
家長可以增加器具的數量，甚至可以加快敲擊器具的速度。

家長先敲擊一些節奏。　　　　小朋友模仿家長所敲擊的節奏。

衣架遊戲

專家顧問：樊婉婷、邱岱溶/註冊社工

衣架可說是家長的好幫手，除了可以用來掛衣物，更是對付頑童的秘密武器。雖然衣架是小朋友的剋星，但亦可以成為好玩伴。加點創意，配合不同的物品，便可帶給小朋友無限歡樂，更可加強他們不同能力。

遊戲❿：衣架滾球 (適合4至5歲)

草地滾球可能大家都曾在電視上觀看過，但接觸過的卻不會太多。今次教大家玩的遊戲，同草地滾球有點相似，卻是利用衣架來推球前進，考小朋友的協調能力。

How to play ?

- 家長準備多個不同顏色、不同大小的球。另外，準備鐵線衣架，並將它們拉成菱形；
- 將球放在起點處，小朋友握着掛鈎，聽取指示；
- 家長講出球的顏色，小朋友便用衣架勾着該顏色的球從起點滾到終點，過程中球不可以滾出衣架外。

Advantages

- 能夠提高小朋友的手眼協調能力；
- 能提升他們的觀察能力；
- 能促進親子的溝通技巧。

小貼士
所選的球必須比衣架細，否則不能把球勾在衣架內。

20

我嘗試將足球運過去。　　　　　　　　*即使這個大的球我也可以成功運到終點。*

遊戲①① ：**衣架要平衡** (適合4至5歲)

　　當小朋友學習數學時，必定會教他們認識重量，灌輸他們輕重的概念。以下這遊戲同輕重有着密切關係，在衣架兩旁放置不同物品，看看能否令衣架平衡。

How to play ?

- 家長先準備不同重量的物品最少5件、衣架1個、膠杯2隻及繩1卷；
- 家長把膠杯分別綁在衣架的兩端，使成為一個天秤；
- 家長請小朋友隨意把物品放入兩隻膠杯內，看看哪件物品最重。

Advantages

- 讓小朋友明白輕重的概念；
- 能夠促進親子溝通及合作。

小貼士
過程中家長可以詢問小朋友：「哪件物品比這件重？把它放進杯子內。」當小朋友放完後需觀察衣架向哪方傾斜，並説出哪件物品較重。

我將這支筆放進杯內。　　　　　　　*這個釘書機比筆重好多。*

遊戲 ①② : 追尋數目字 (適合4至5歲)

數字與我們生活息息相關，不論購物、時間或是乘車，都會接觸到不同的數字。以下這遊戲便是透過輕鬆的方式，使小朋友對數字更加認識。

我很快便找到正確的數字了。

我都找到正確的數字了。

How to play ?

- 家長準備數個衣架、一些紙張、膠紙1卷及筆1支；
- 家長在紙張上寫上不同數字，並將它們分別貼在各衣架上，然後將衣架隨意放在地上；
- 家長講出一個數字，小朋友便要立即去尋找，並以單腳站在衣架內。

Advantages

- 能夠令小朋友對數字增加認識；
- 提升他們的觀察力及聆聽能力；
- 加強他們眼及腳的協調能力。

小貼士
家長可以改變遊戲玩法，於衣架上貼上英文字或顏色，讓小朋友從遊戲中認識各種不同的概念。

22

Gold continental GT muiller

Bentley Trike 2023" is exclusive distributed in all primeval stores

Shop B223A, K11 MUSEA, TST

Shop 342A, 3/F, Moko,Mong KoK

Shop 210, 2/F, Windsor House, Causeway Bay

Shop 2029 ,2/F, Yoho Mall I, Yuen Long

Shop UG49, Olympian City 2, West Kowloon

Shop7-8, 9/F, MegaBox, Kowloon Bay

Shop A205, 2/F, New Town Plaza lll, Shatin NT

Shop OT G26, Ocean Terminal, Harbour City,TST

www.primeval-baby.co.uk

遊戲 ❶❸ ：黏貼波波 （適合4至5歲）

　　這個衣架遊戲是看誰能夠在衣架上貼上最多波波，貼上最多波波的便為之勝利。但究竟如何能在衣架上貼上波波，便要考考小朋友的智慧了。大家準備膠紙、衣架及波波，1、2、3開始玩遊戲！

利用膠紙繞着整個衣架，謹記膠紙的黏貼面必須向外，否則便不能進行遊戲。

然後，運用自己的方法，盡量把最多的波波，貼在衣架上。

完成後，把衣架反轉，看看波波有沒有掉下來。如果波波沒有掉下來，而衣架上波波的數量又是最多者，便為之勝出。

用具：衣架、粗邊透明膠紙、一些膠波

好處
- 能夠增加視覺空間感
- 增加小朋友的思考能力，如何把膠紙貼在衣架上
- 鍛煉他們的小肌肉

遊戲❶❹：哪方較重？（適合4至5歲）

　　這個遊戲是將衣架變成一個天秤，大家猜拳，勝利的便可以在己方的天秤上放入一塊積木，累積積木數量越多，便是勝利者了。

❶ 先在杯上釘2個對應的孔，把繩子穿入其中一個孔中，綁牢，掛在衣架上，再把繩子穿入另一個孔中，綁牢。如是者把另一個杯掛在衣架上。

❷ 大家開始猜拳，看誰猜贏。

❸ 猜贏的，便可以在己方的膠杯內放入一塊積木。杯內積木數量最多的，便是勝利者。

用具：衣架、繩子、膠杯、積木、釘孔機

好處
- 加強小朋友輕重的概念
- 提高小朋友的認知能力
- 提升小朋友的邏輯思維

遊戲❶❺：衣架運球（適合4至5歲）

　　利用衣架來運送波波？真的可以嗎？這個遊戲講求合作性，只要互相配合得宜，小心翼翼地前行，便可以利用衣架把波波從一方運送至另一方。

二人先把兩個衣架搭起，把波波放在衣架上一個不易跌的位置。

然後，二人慢慢前行，注意不可以讓波波掉下，否則要從頭開始。

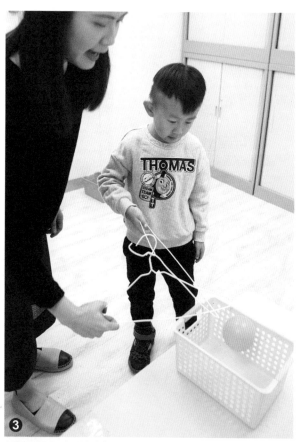

把波波運送至另一方，再把波波放入膠籃中。大家可以限時進行比賽，看誰能運送最多波波。

用具：衣架、波波、膠籃

好處
- 提高合作性
- 加強手眼協調能力
- 提升思考能力，因為小朋友需要思考如何把衣架搭起，才能避免波波掉下

衣夾遊戲

專家顧問：許彩玉/註冊物理治療師

當媽咪洗完衣服，晾衫時可能會用到衣夾來固定衣物。其實，衣夾除了具有實用性外，更可以用來玩遊戲。大家快去準備一些衣夾，齊齊夾出新穎的遊戲。

遊戲 16：齊齊練指力（適合3至6歲）

小朋友握筆寫字，需要有良好的指力；他們學習握餐具，也需要有良好的指力。以下這遊戲便能夠訓練其指力，對於他們學習有幫助。

How to play？

- 家長先準備一些衣夾，不同顏色的較吸引；
- 家長先請小朋友用食指及拇指來按開衣夾；
- 如小朋友能完成的話，便請他們使用其他手指來按開衣夾。

Advantages

- 能夠訓練小朋友手指的力量；
- 能提高他們手指的靈活度。

小貼士
如果是年幼的小朋友，家長可以準備一些較易按開的衣夾，年紀大的小朋友則可以用較堅硬的款式。

27

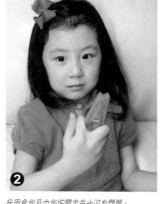

用食指及拇指按開衣夾好easy！　　　　*我用食指及中指按開衣夾也沒有問題。*

遊戲 **17**：**左夾右夾** (適合3至6歲)

　　一般人慣用右手，因此右手比較靈活。但我們也不應忽略左手，多嘗試運用左手能夠使左右腦協調。現在大家齊齊使用左右手玩這夾衣夾遊戲。

How to play？

- 家長準備一些衣夾、一隻碟、托盤或雜誌；
- 請小朋友先用右手把衣夾夾在物品上；
- 右手完成後，再嘗試用左手把衣夾夾在物品上。

Advantages

- 可以鍛煉小朋友的指力；
- 加強左右手手指的靈活度；
- 左右手使用的同時，能使左右腦協調。

小貼士
年幼的小朋友先學用右手，當他們熟習後，才嘗試使用左手。

我用右手把衣夾夾在托盤上絕對沒有難度。　　　*我用左手按開衣夾亦無問題。*

遊戲**18**：**夾夾樂** （適合3至6歲）

　　衣夾的用途就是夾東西，以下這遊戲便是利用衣夾這個特點
來進行，既考小朋友手仔的靈活度，又考他們的手眼協調能力，
看誰能得第一。

① 我要在時限內把衣夾夾成一支棒。　　② 我終於完成了，yeah！

How to play？

- 家長先準備一些不同顏色的衣夾；
- 家長先設定時限，例如設定為15分鐘；
- 小朋友便在時限內，將衣夾一個夾着一個，成為一支衣夾棒。

Advantages

- 可以訓練小朋友的指力；
- 加強他們的手眼協調能力。

小貼士
如果是較年幼的小朋友，可以將時限設定稍長一點。

29

枕頭遊戲

專家顧問：許彩玉/註冊物理治療師

枕頭是我們睡覺時的必需品，一個舒適合意的枕頭，能夠帶領我們進入甜蜜夢鄉。枕頭除了具實用價值外，更可以用來玩遊戲，鍛煉身體不同部位，絕對是用來強身健體的好工具。

遊戲⓳：枕頭catwalk show（適合3歲或以上）

在電視上經常可以看到超模們行貓步，展示不同品牌漂亮的衣服，女孩子一定既羨慕又妒忌。做模特兒必須要行得好看，以下這個遊戲便教各位小朋友如何行貓步。

Material

兒童枕頭1個

How to play？

- 家長先把枕頭放在小朋友的頭上；
- 小朋友用頭頂着枕頭，挺直腰慢慢向前行；
- 如果能力可以的話，小朋友甚至可以倒後行。

Advantages

- 鍛煉小朋友走路時的正確姿勢；
- 提高他們靜態的平衡力。

小貼士
開始前家長宜選擇較細小的枕頭，不宜過大，因為太大的枕頭可能會令小朋友扭傷頸部。

遊戲19

❶ 媽咪慢慢把枕頭放在小朋友的頭上。

❷ 小朋友開始慢慢向前行。

遊戲 ❷⓿ ：我是茶壺（適合4歲或以上）

　　小時候大家可能也曾唱過「我是個茶壺肥又矮，我是……」這首兒歌，今次這遊戲便與這首兒歌有關，究竟怎樣玩？看下去便有分曉。

Material

兒童枕頭1個

How to play？

- 家長把枕頭放在小朋友的頭上；
- 家長與小朋友唱一齊出「我是個茶壺肥又矮……」，然後小朋友張開雙手，雙腳慢慢蹲下去；
- 之後，小朋友雙手叉腰，其中一隻腳的腳跟着地。最後，彎腰鞠躬，讓枕頭丟在地上。

Advantages

- 能夠提高小朋友四肢及頭部的協調；
- 能加強他們的動態平衡能力。

小貼士
家長可以向小朋友發出指令，要求他們做指定動作，看他們在頂着枕頭的情況下，能做到多少個動作。

❶ 我要慢慢蹲下，避免枕頭丟在地上。

❷ 我鞠躬枕頭便丟下去。

31

遊戲 **21** ：拋接枕頭 (適合4歲或以上)

通常都會用皮球來玩拋接遊戲，但今次則以枕頭代替皮球，原來同樣能玩出緊張、刺激、好玩的遊戲。

我一定能接到的。

這次看看媽咪是否能接住枕頭啦！

Material

兒童枕頭1個、空曠的場地

How to play ?

- 家長及小朋友面對面站立，大家中間保持一些距離；
- 由家長先發「球」，把枕頭拋向小朋友；
- 小朋友把枕頭接住後，拋回給家長，如果接不到，中途丟落地的，便為之輸。

Advantages

- 能夠鍛煉小朋友的手眼協助能力；
- 能加強他們的反應。

小貼士
最重要注意安全，遊戲前宜把易破爛的物品收藏妥善，並在空曠的地方進行，以避免受傷。

成就 No.1
快樂未來

Disney World of English

立即 SCAN! 玩住學

Count the shapes in the picture!

掃瞄 QR 登記
預約免費體驗

即賞

Mickey&Friends野餐墊

© Disney

 www.worldfamily.com.hk    World Family Hong Kong   2268 1342   World Family

鈕扣遊戲

專家顧問：劉葆琪/註冊社工

鈕扣除了有實際用途外，亦可以為平凡的衣服作裝飾，加添不少色彩。坊間鈕扣的款式、大小及顏色非常之多，本文利用不同的鈕扣來玩遊戲，相信小朋友一定會感到新奇好玩。

遊戲22：創意小畫家（適合3歲或以上）

小朋友除了喜歡聽故事，亦喜歡繪畫。拿着顏色筆隨意的畫畫畫，把自己心中的世界呈現於紙上，那份滿足感不能用言語表達。今次不只畫畫般簡單，更會配合鈕扣，創作出別出心裁的畫作。

Material

不同款式及顏色的鈕扣一些、白膠漿一樽、畫筆一支、顏料一盒、畫紙一些

How to play ?

* 為小朋友準備一張畫紙；
* 家長及小朋友一起隨意把鈕扣用白膠漿貼在畫紙上；
* 家長請小朋友配合鈕扣的位置及顏色，用顏料繪畫一幅獨特的圖畫。

Advantages

* 能夠加強小朋友的想像力及創作力；
* 加強親子關係。

小貼士
過程中家長不可限制小朋友創作的空間，讓他們自由發揮，才能啟發其創意。

我們可以把這粒鈕貼在畫紙上。　　*我想把這些鈕製成一朵花。*

遊戲②③：趣味過三關 (適合3歲或以上)

　　小時候大家都曾玩過「過三關」，又可稱為「打井」的遊戲。只要最快將三個相同的圖案連成一線，便為之勝利。今次教各位小朋友利用鈕扣來玩過三關，看看誰為最終勝利者。

Material

挑選兩款鈕扣，每款數粒(亦可以挑選兩種顏色的鈕扣，每款數粒)、四條繩子

How to play？

- 先於桌上用繩子拼成一個「井」字；
- 家長及小朋友各選擇代表自己的鈕扣，然後猜拳，勝出的先放下鈕扣；
- 大家輪流放下鈕扣，看誰的鈕扣最快連成一條直、橫或斜線，便為之勝出。

Advantages

- 能夠加強小朋友的想像力及創作力；
- 可以培養他們的邏輯思考能力。

小貼士
可以挑選款式特別的鈕扣來進行遊戲，能令小朋友玩得更投入，更感趣味性。

你次一粒便可以連成直線了。　　*我最快把鈕扣連成直線。*

遊戲❷❹：我的神仙棒（適合3歲或以上）

　　從前看有關小仙子的卡通片，每當看到他們運用神仙棒變出不同物品時，便非常渴望自己也擁有一支神仙棒。今次教大家玩的遊戲與神仙棒有關，齊齊變身為小仙子吧！

讓我試試用筷子把鈕扣黏起。

我可以黏起一粒啡色的鈕扣了。

Material
鈕扣一些、筷子一對、寶貼一些、碗兩個

How to play ?
- 家長於每支筷子的一端貼上寶貼，家長及小朋友每人一支筷子及一個碗；
- 家長把鈕扣散放在桌上，然後與小朋友輪流用筷子黏起一粒鈕扣，並放在自己的碗內；
- 每次限時5秒，如時限內未能黏起鈕扣，或過程中鈕扣丟在桌上，便為之輸。看誰最後黏得最多鈕扣？

Advantages
- 培養小朋友的手眼協調能力；
- 加強他們的專注力，並可鍛煉其小肌肉。

小貼士
除了可以用鈕扣進行遊戲外，亦可以用一些圖卡或數字卡代替鈕扣。

NURSE PO PO
PREMIUM

護士寶寶推出全新護士寶寶 PREMIUM 系列，
不含 MIT 為香港市場先驅，讓護士寶寶品牌繼續守護各寶寶。

什麼是 MIT？
MIT: Methylisothiazolinone
（甲基異噻唑啉酮）是一種強而
有力的殺菌和防腐劑。
近年的研究結果顯示，使用含
MIT 的產品而引致敏感，過敏
反應，細胞及神經受損等問題
在歐洲各地日趨普遍。

護士寶寶 Premium
嬰兒護臀霜
◦ 含有有機椰子油
◦ 性質溫和
◦ 不會對肌膚
和尿布造成傷害

無晒紅疹，
減輕媽媽的煩惱！

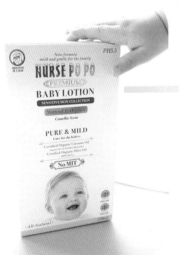

護士寶寶 Premium 潤膚霜
◦ 用於滋潤寶寶身體
◦ 滋潤皮膚，容易吸收
◦ 茶花香味
◦ 不黏不油

✓ 美國配方
✓ 符合歐盟要求
✓ ISO, GMP, GMPC 認證
✓ 符合 SGS 歐盟重金屬
和細菌檢驗

✓ 沒有傷害皮膚成份
✓ 適用於敏感皮膚
✓ 使用有機成份：
◦ 有機椰子油
◦ 有機橄欖油

EUGENE baby 符木。   f NursePoPo   Q soltradinghk@gmail.com   ● (852) 9671 4428 ●

飲管遊戲

專家顧問：梁芷琳/言語治療師

　　飲管除了可以用來飲飲品之外，很多時都會用來做手工的材料，例如剪成不同段落，拼湊成一幅圖畫。本文不是用飲管來做手工，而是利用飲管來玩3個不同的遊戲。大家只要準備充足，便可以開始了！

遊戲❷❺：通粉廚師 (適合3至6歲)

　　火腿通粉、腸仔蛋通粉、餐蛋通粉，通粉可以配搭不同材料，炮製不同美食。以下這遊戲，利用飲管扮成通粉，小朋友化身成小廚師來烹煮不一樣的通粉。

Material

5支飲管、2把剪刀、1套家家酒玩具

How to play？

- 家長及小朋友合作，利用剪刀把飲管剪成一段段4厘米長的通粉；
- 家長把通粉放在玩具鑊中，再放在玩具爐上炒，偽裝加入不同的調味料；
- 把烹煮好的通粉放在碟上，與小朋友一起分享。

Advantages

- 可以提高小朋友的想像力；
- 提高他們的遊戲技能，以及語言能力。

> **小貼士**
> 可以用手工紙剪出不同的食物，扮成不同的配料，能夠令遊戲更富趣味性。

① 把飲管剪成一小段。　　　　　② 今次我們合作煮茄汁通粉，一定好好味。

遊戲②⑥：大笨象運送家 (適合3至6歲)

在一些非洲國家，人們會利用大象來運送物品。今次小朋友及家長一起化身成為大象，利用鼻子把芝士圈運送至適合的地方。

Material
飲管2支、芝士圈1包、4個小碗

How to play？
- 把芝士圈平分在兩個碗內，然後放在桌上，把另外兩個碗放在桌子的另一端，與之前的兩個碗保持一段距離；
- 把兩支飲管的前端屈曲，使它們如同「7」字。家長及小朋友各含着飲管長身的部份，而屈曲的部份則向上；
- 然後，鬥快利用飲管把屬於自己碗內的芝士圈，運送至另一端的空碗內。

Advantages
- 能夠加強小朋友合唇的能力；
- 能加強他們的大肌肉能力。

小貼士
家長可以挑選那些已設有可供彎曲的飲管，更能方便玩遊戲。

① 看看我們哪個最快把芝士圈運送到另一隻碟上。　　　② 我又運送了一粒。

遊戲 ❷❼：幻彩波波 (適合3至6歲)

　　記得小時候會購買一瓶肥皂液，配合一支吹管，便可以吹出很多肥皂泡。其實，肥皂液可以自己動手調配，再加上飲管，便可以吹出很多波波。

我嘗試用粗飲管來吹肥皂泡。

原來用幼的飲管來吹肥皂泡一樣可以。

Material

粗飲管2支、沐浴露一些、水適量、杯1隻

How to play ?

- 把水倒入杯內，加入適量的沐浴露，拌勻；
- 家長先示範，把飲管的一端插入杯內，蘸上一些沐浴露水，然後取出，把沒有蘸上沐浴露水的一端放在唇邊，吸氣再吹氣，便能吹出很多幻彩波波；
- 讓小朋友嘗試，一起吹出很多幻彩波波。

Advantages

- 能夠加強小朋友唇部肌肉控制能力；
- 同時能令他們的呼吸協調。

小貼士
家長要提醒小朋友，千萬別把肥皂液飲下，否則影響健康。

卡麗娜花士蜜令

Plus Honey • Coconut oil • Vitamine E

乾燥　補濕　防敏　爆拆　紅腫

有助舒緩嬰幼兒常見的皮膚不適

緩解乾燥肌膚，解決嘴唇爆拆、手踭乾燥、腳跟龜裂及指甲倒刺等問題。同時適用於舒緩紅疹或皮膚不適。對於割傷、擦傷等輕微傷口可以保持傷口濕潤，幫助傷口癒合。防止摩擦可能導致長水泡，亦有助預防嬰兒出現尿布後起紅。

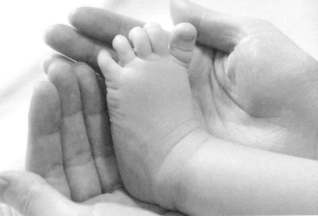

牙籤遊戲

專家顧問：劉學敏/職業治療師

大家通常會用牙籤來清潔牙齒，有時亦會用它做一些小手工。其實一支小小的牙籤，都可以變出多款不同的遊戲，既好玩，又便宜，只要準備簡單的材料便可以開始了。

遊戲 28：夾牙籤（適合3歲或以上）

大家於日常生活中，會以鉗子來夾一些微細的東西，特別是在實驗室或醫院工作的人，更常用到鉗子。今次請小朋友以鉗子夾指定顏色的牙籤，訓練他們的小手肌肉。

Material

已髹上不同顏色的牙籤各一些、鉗子一個、牙籤筒一個

How to play？

- 家長先把牙籤隨意散在桌上；
- 小朋友拿着鉗子，細心聆聽家長的指令；
- 小朋友依據家長的指示，把指定顏色的牙籤夾起放入牙籤筒內。

Advantages

- 能夠加強小朋友的小肌肉；
- 提高他們的手眼協調能力；
- 能訓練他們學習聆聽指令。

小貼士
家長把牙籤上色後需乾透，才可以用來玩遊戲。

① 小朋友先把指定顏色的牙籤用鉗子夾起來。

② 然後，把它放入牙籤筒內。

遊戲29：牙籤串串珠 （適合3歲或以上）

當小朋友進行幼稚園面試時，老師需要他們串珠仔，考考他們的手眼協調能力及小手肌的靈活度。以下這遊戲便是讓小朋友串珠仔，預先進行練習。

Material

已鬆上不同顏色的牙籤5支、發泡膠一塊、有孔珠仔30粒

How to play？

- 家長先把牙籤逐一插在發泡膠上；
- 把珠子交給小朋友；
- 小朋友依據家長指示，把珠子穿入不同顏色的牙籤上。

Advantages

- 能夠鍛煉小朋友的小肌肉；
- 加強他們的手眼協調能力。

小貼士
家長可以逐步增加牙籤的數目，提高遊戲的趣味性。

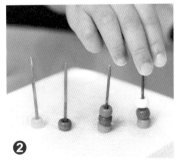

① 小朋友把一支支牙籤插在發泡膠上。

② 小朋友把珠子串入牙籤內。

遊戲❸⓪：牙籤模型（適合5歲或以上）

很多小朋友喜歡砌模型，特別是男孩子，那些機械人、飛機、汽車的模式最是吸引。今次用作砌模型的材料並不是膠或超合金，而是牙籤及泥膠，既考想像力，更考思考能力。

②以牙籤及泥膠粒造成一個個模型。

①家長與小朋友一起把泥膠搓成小圓形。

Material

牙籤一些、不同顏色的泥膠一些

How to play？

- 家長先準備一些牙籤及泥膠；
- 家長與小朋友一起把泥膠搓成一粒粒小圓形；
- 家長與小朋友一起利用泥膠及牙籤創作不同的模型。

Advantages

- 能夠加強小朋友的視覺感知能力；
- 加強他們的思考及創作能力。

小貼士
家長可以事前把牙籤髹上不同顏色，令到模型的顏色更為豐富，更能增加小朋友砌模型的興趣。

28公升二合一空氣淨化抽濕機

MDDI-28L3D

Midea

ECO

四重防護

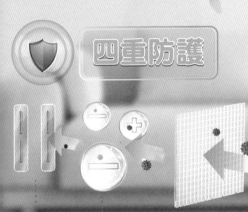

自清潔功能

離子淨化空氣

H12 HEPA 過濾網

前置高密度過濾網

HEPA 過濾網，過濾達 **99%**

WiFi 智能連結

1級能效兼採用 **變頻摩打**

Grade 1

更多詳情

Midea is MyDear

橡筋遊戲

專家顧問：羅懿德/職業治療師

平日我們會用橡筋(橡皮圈)來把散亂的東西束起來，或是女孩子會用橡皮圈束辮子。其實橡皮圈具有實用性之餘，亦可以用來玩遊戲。唾手可得的橡皮圈，價廉物美，但卻可以讓小朋友玩個痛快。

遊戲③①：七彩網球 （適合3至6歲）

一般人只會在網球場上才會運用到網球，其實網球不只限於此，日常生活中將網球配合橡皮圈又可以有另一種玩法。

Material

不同顏色的橡皮圈、網球

How to play ?

- 家長先為小朋友準備一個網球，以及一些橡皮圈；
- 請小朋友把桌上的橡皮圈套在網球上；
- 家長可以限定他們在某特定時間內完成。

Advantages

- 能夠促進小朋友的兩手協調能力，以及鍛煉他們手指的力量。

小貼士
家長可以與小朋友一起進行比賽，看誰能夠最快把一定數量的橡皮圈套在網球上。

❶ 把橡皮圈套在網球上。

❷ 看我套了幾多橡皮圈在網球上！

遊戲❸❷：挑橡筋 (適合3至6歲)

　　釣魚遊戲很多小朋友都曾玩過，但用橡皮圈及筷子來玩你們又試過未？只要準備一些筷子及橡皮圈便可開始遊戲的了。

Material

厚毛巾、筷子、不同顏色的橡皮圈

How to play？

- 家長先將厚毛巾放在桌上，再把橡皮圈隨意散放在毛巾上，為各人準備一隻筷子；
- 家長先教導小朋友如何運用單手握着筷子來穿橡皮圈。當他們熟練後便可以開始遊戲；
- 家長可以每次説出3至6條橡皮圈的組合，例如「3條黃色」、「2條紅色、1條綠色、3條黃色」等。

Advantages

- 能夠提高小朋友的手眼協調能力，同時加強他們的記憶能力。

小貼士
家長可以與小朋友輪流做發號施令者，看誰人穿橡皮圈最快、最準確。

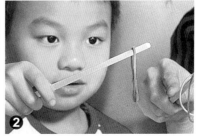

❶ 聽取指令，利用筷子穿上適當顏色的橡皮圈。

❷ 我穿了紅色及綠色的橡皮圈在筷子上。

遊戲❸❸：橡筋層層疊 （適合3至6歲）

橡皮圈的玩法變化無窮，只要動動腦筋，再配合其他工具，便可以玩得暢快。以下介紹的橡皮圈層層疊便是好例子，只要一隻杯及大量橡皮圈，便可以變出刺激的遊戲。

❶

我要很小心地把橡皮圈放在杯底上。

❷

稍一不小心，橡皮圈便會掉下來。

Material

橡皮圈、大水杯

How to play ?

- 家長先準備好所需物資。然後把大水杯杯口向下，覆轉放在桌上；
- 家長及小朋友輪流把橡皮圈逐一放在杯底上；
- 看誰先掉下橡皮圈的便為之輸。

Advantages

能夠促進小朋友肩膊及前臂的穩定性。

小貼士
家長可以增加難度，挑選杯底較細的水杯進行遊戲，增加刺激感。

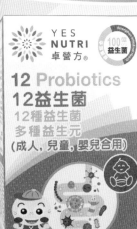

 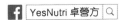

專家顧問：文珮琪、邱岱溶/註冊社工

雖然現在大家都會用電腦、智能電話來通訊，但於日常生活中，我們仍會使用到筆來記事或填寫各種資料。其實用筆來玩遊戲亦是不錯的選擇，只要你預備多支筆，一些乒乓球及一張畫紙等，便可以玩射龍門、運球等三個遊戲了。

遊戲❸❹：筆子挑挑挑（適合4歲或以上）

如果你有十數支筆，你會怎樣利用它們來玩遊戲？以下介紹這個遊戲，便需要運用多支筆來進行，如果小朋友想知怎樣玩，便快快準備好。

How to play？

- 首先準備十數支筆，甚麼顏色筆亦可以；
- 先將這些筆垂直握着，貼近桌面，然後放手，讓筆自然散在桌上；
- 家長及小朋友輪流從筆堆中挑起一支，但挑的時候不可以移動其他筆，若移動了其他筆便為之輸，最後擁有最多筆的便為之勝利。

小貼士
不同顏色的筆代表不同分數，更加有趣味性。亦可用手上已拿到的筆作輔助工具，挑走桌上其他的筆。

Advantages

- 提高小朋友的手眼協調能力；
- 加強他們的觀察能力及專注力。

讓我來放筆啦！

我就快可以得到藍色的筆了。

遊戲③⑤：筆子射龍門 （適合4歲或以上）

　　既不用足球，又不用腳都可以射龍門？絕對千真萬確，沒有欺騙你們！小朋友，只要你準備兩支筆，一張大畫紙，便可以展開射球比賽。

How to play？

* 先在畫紙上畫出足球場的界線及龍門。然後為自己及家長各準備一支筆；
* 從自己龍門開始，將筆尖放在畫紙上，以食指按着筆頂，然後輕輕將筆向着對方龍門推出，讓筆在紙上留下筆痕，然後由筆痕末端開始推進；
* 如是者大家輪流把筆推向對方龍門，直至筆痕進入對方龍門為止，誰較快便為之勝利者。

Advantages

* 加強小朋友的手眼協調能力；
* 加強他們的小肌肉能力。

小貼士
因應小朋友的年齡來選擇紙張的大小，年齡較大的小朋友，可以較大的畫紙來進行遊戲，增加難度及刺激。

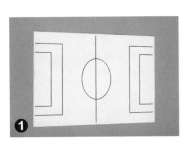

先用筆在畫紙上畫出足球場的界線。

我一定可以最快射入你的龍門。

遊戲❸❻：筆能運球 （適合4歲或以上）

　　這是一個既考定力，又考手眼協調能力及合作性的遊戲。準備兩支筆，一些乒乓球及一個碟子或籃子，便可以玩個夠了。

我們合作無間，一定可以運送最多球。

我們就快把球運到終點了。

How to play？

- 家長及小朋友分別握着兩支筆的兩端，將乒乓球放在兩支筆上；
- 家長及小朋友合力把乒乓球從起點運往終點，並放在碟子或籃子內；
- 乒乓球若於中途跌下便要重新開始，看看那個組合能運送最多乒乓球。

Advantages

- 提高小朋友手眼協調能力；
- 讓他們學習與他人合作。

> **小貼士**
> 可以選擇不同大小、重量的球，亦可以使用不同長度的筆來進行遊戲，難度增加自然更刺激。

童年的最強裝備
he Ultimate Protector
hrough Childhood
MAXI-COSI
MAXI-COSI®
Titan Pro
i-Size Car Seat
汽車座椅
We carry the future
JGENE baby
EUGENE baby.COM
axi-cosi.com

遊戲 **37**：彈彈筆 （適合4歲或以上）

　　這是一個非常簡易的遊戲，只要每人準備一支筆，在一張沒有雜物的桌子上，便可以進行遊戲。看似簡單，但過程十分刺激緊張。

1

因應人數，為每人準備一支不同顏色的筆。把所有筆放在桌子中央位置。

2

大家猜拳，勝出的便先用手指彈自己的筆，利用自己的筆撞擊對方的筆。

3

誰先行把對方的筆撞跌落地的，便為之勝出。

好處
- 過程中，小朋友會判斷使用不同的力度來彈筆；
- 可以加強小朋友手指的靈活性。

遊戲❸❽：複製對決（適合4歲或以上）

影印的作用是把資料複製出來，這個遊戲與複製有點關係，過程需要靠小朋友的聰明才智及感覺，才能把資料複製出來。

❶ 先準備些紙張、筆及膠紙。把紙張貼在牆上，小朋友拿着筆，面向紙張。

❷ 家長用手指在小朋友的背部寫上任何數字、中、英文字或畫上圖案。

❸ 小朋友憑感覺及智慧，猜猜家長寫的是甚麼？然後把答案寫在紙上。

好處
- 透過遊戲，可以提高小朋友觸覺的敏感度；
- 增加他們對文字、數字的認知。

遊戲❸❾：考默契 （適合4歲或以上）

以下這遊戲相當考大家的默契，只要其中一個行得快或行得慢，或是鬆手，都可能令利用筆子夾着的東西掉下來啊！

❶ 先準備兩支筆及一些糖果。

❷ 大家設定起點，然後大家握着筆，夾起桌上的糖果，慢慢朝終點前行。

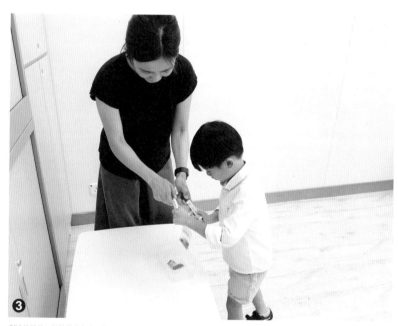

❸ 到達終點後，把糖果放在桌上便為之完成。看看在限時內能夠運送多少粒糖。

好處
- 能夠鍛煉小朋友四肢及眼的協調能力；
- 能夠加強大家的合作性及默契。

萬字夾遊戲

專家顧問：張凱盈/資深註冊社工

萬字夾是我們常接觸到的文具，當面對大堆雜亂的文件時，萬字夾便能發揮功效，把它們分門別類夾得妥當。本文利用萬字夾與各位小朋友玩3個遊戲，只要準備簡單的工具便可以，透過遊戲更可以訓練各方面能力，幫助小朋友發展更全面。

遊戲④⓪：釣魚樂無窮 (適合3至6歲)

釣魚是非常考耐性及技術的活動，今次我們也來扮演釣魚郎，看看能否依據指示，盡快把面前不同顏色的魚兒釣起來。

❶

利用不同顏色紙張，製造不同顏色的魚兒，在魚兒身上各夾一個萬字夾。在雪條棍上綁一條長長的繩子，在繩子下貼上磁鐵。

❷

把魚兒放在桌上，將魚竿交給小朋友，請他們聆聽指示，準備開始釣魚。
3. 家長發出指示，請小朋友釣指定顏色的魚兒，能在短時間內完成，便可以得到獎勵。

好處

- 能夠讓小朋友認識不同顏色；
- 能夠訓練小朋友手眼協調能力；
- 學習聽從指令；
- 能加強小朋友的專注力。

遊戲 **41**：夾食物 （適合3至6歲）

　　我們每日會接觸不同的食物，例如飯、薯條、魚、蔬菜等。小朋友，在眾多食物中，你們最喜歡吃的是甚麼？紙張上畫上不同的食物圖，小朋友根據指示，利用萬字夾把食物圖夾着便可以了。

❶

先準備一張印有不同食物的紙張，並準備多個萬字夾。

❸

家長向小朋友發出不同指令，請他們利用萬字夾夾不同食物。

❷

家長告訴小朋友：「我們現在吃蔬菜啦！」然後，家長示範如何用萬字夾夾着蔬菜。

好處
- 可以讓小朋友認識不同食物名稱；
- 能夠加強小朋友手指的靈活性；
- 加強小朋友聆聽指令的能力；
- 可以提高小朋友的專注力。

遊戲④②：入入樂 (適合3至6歲)

小朋友有沒有把零錢儲入錢箱的習慣？逐一把零錢放入錢箱的感覺如何？今次這遊戲與把零錢放入錢箱相似，只是請小朋友把不同顏色的萬字夾，放入與其顏色相同的箱子入口，放得又快又準的，便為之勝利。

❶ 準備一個盒子，盒子上剠出不同小開口，並為每個開口黐上不同顏色。另外，準備不同顏色的萬字夾。

❷ 家長向小朋友發出指示，請他們依據指示，把萬字夾放入相同顏色的開口。

❸ 小朋友能夠在最短時間內，把萬字夾放入相同顏色的開口，便能夠勝出。

好處
- 能夠讓小朋友認識不同顏色；
- 可以讓小朋友學習配對；
- 提高聆聽指令能力；
- 培養小朋友的專注力；
- 使他們的手指更為靈活。

貼紙遊戲

專家顧問：許彩玉/註冊物理治療師

很多小朋友都喜歡家長以貼紙作為獎品，尤其是收到自己喜愛的卡通人物貼紙，更會珍而重之，將它們視為寶物好好收藏。其實貼紙除了用來獎勵小朋友，更可以玩出不同的親子遊戲！

遊戲 43：創意故事 (適合3至6歲)

小朋友最喜歡聽故事，家長可以利用貼紙、顏色筆，與小朋友一起創作故事。相信憑着他們天馬行空的想像力，定能創作千奇百怪的故事。

How to play？

- 家長準備一些貼紙、顏色筆及畫紙；
- 請小朋友隨意挑選一些貼紙，並貼在畫紙上；
- 小朋友可以因應所選的貼紙，利用顏色筆畫一些配圖，設計成一個連環故事。

Advantages

- 能夠加強小朋友的創作力；
- 能提高小朋友的觀察力及專注力。

小貼士
家長可以與小朋友輪流創作，把故事一直延伸，成為一個內容豐富的故事。

60

小朋友挑選喜歡的貼紙，並貼在畫紙上。   *小朋友繪畫不同的配圖以創作故事。*

遊戲❹❹：身體認知（適合3至4歲）

我們的身體有不同部位及器官，各有不同的名稱及功能。這個遊戲，便是利用貼紙幫助小朋友認識身體不同的部位，加強他們的常識。

How to play？

- 家長先準備一些貼紙；
- 小朋友閉起雙眼，在10秒內，家長把貼紙貼在他們身體不同部位；
- 小朋友張開雙眼，在10秒內尋找所有貼在身體不同部位的貼紙，過程中必須講出貼上貼紙的位置名稱。

Advantages

- 能夠幫助小朋友認識身體不同部位的名稱；
- 能培養他們的觀察力。

小貼士
家長不妨把貼紙貼在小朋友的背部及足部，一些他們難以察覺的地方，藉以提高難度。

媽咪把貼紙貼在小朋友身上不同部位。   *小朋友要在10秒內找出貼在身上的貼紙。*

遊戲④⑤：Meet & 摵 (適合4至6歲)

　　日常生活中，我們經常都會接觸到不同的貼紙，例如食物、衣服及鞋襪上的標籤，當中包含了許多不同的內容，家長可與小朋友一起找找看，看看當中有甚麼內容。

媽咪為小朋友講解貼紙上的內容。

小朋友小心翼翼地把貼紙撕下來。

How to play ?

- 家長與小朋友一起在家中尋找哪些物品上貼有貼紙；
- 找到後，家長向小朋友講解貼紙上的內容；
- 如果這些貼紙並不重要，家長可以請小朋友嘗試把它們撕下來。

Advantages

- 能夠增加小朋友的常識；
- 可以鍛煉他們的小肌肉。

小貼士
撕貼紙的過程並不簡單，很容易撕爛，家長宜先告訴小朋友，減低他們的挫敗感。

波子遊戲

專家顧問：許彩玉/註冊物理治療師

提到波子，大家一定會聯想到波子棋，但波子又豈止可以用來玩波子棋？更可以利用波子來鍛煉小朋友的小肌肉。以下介紹三個與波子有關的遊戲，只要準備一些波子，便可以開始玩的了。

遊戲 4 6：一拳在握 (適合3歲或以上)

經常聽到高層人士形容自己大權在握，以下這遊戲並不是教小朋友緊握大權，而是嘗試用手盡量去拿波子，看看能拿到多少。

How to play？

- 家長先將一些波子倒入一容器內；
- 給小朋友3次機會，每次只能用一隻手，盡量拿取容器中的波子；
- 完成後請他們數數共拿了多少粒波子。

Advantages

- 鍛煉小朋友雙手的抓握能力；
- 刺激他們的觸感；
- 讓他們學習數數。

好處
- 波子較為細小，家長必須與小朋友一同進行遊戲，避免意外發生。
- 家長可以與小朋友進行比賽，看誰能夠拿取最多波子。當然家長要遷就小朋友，因為他們的手較細小。

64

遊戲46

❶ 讓我用手抓起波子啦！

❷ 讓我數數剛才抓起了多少粒波子。

遊戲 ④⑦：手裏有數 （適合3歲或以上）

很多時都會聽人説：「心裏有數」，代表此人對事情非常清楚透徹。這遊戲則叫做手裏有數，是考小朋友能否拿取指定數量的波子，看他們的觸感如何了！

How to play？

- 家長將一些波子倒入一容器內；
- 家長對小朋友講出需要他們拿取波子的數目；
- 小朋友便用一隻手，一次過拿取波子，看看是否能夠拿取適合數量的波子。

Advantages

- 訓練小朋友控制手部感覺及力度；
- 提高他們的抓握能力；
- 讓他們學習數數。

小貼士
- 家長要留意小朋友有沒有把波子吞下或放進耳朵內；
- 家長必須因應小朋友雙手的大小來要求他們拿取波子的數量，太艱難的話，只會降低他們的興趣。

❶ 囡囡，請你一手抓起3粒波子。

❷ 你抓得太多波子了。

遊戲 **48**：大地在我腳下（適合3歲或以上）

　　之前兩個遊戲均是以手來拿取波子，但以下這遊戲則是用腳趾夾波子，考考小朋友運用腳趾的能力，看他們是否能夠用腳趾夾起波子。

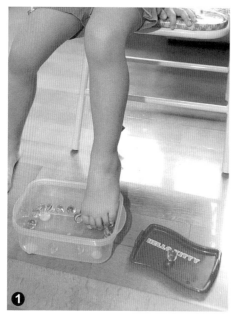

❶ 讓我用腳趾把波子夾到另一隻碟上。　　　　　　　❷ 我成功把波子夾到另一隻碟上了。

How to play？

- 家長將波子放在一隻碟子上，並準備多一隻碟；
- 請小朋友用腳趾夾起波子，然後放在另一隻碟上；
- 家長可以設定時限，看小朋友能夠夾取多少粒波子。

Advantages

- 增強小朋友足部肌肉力量和控制能力；
- 讓他們學習數數；
- 加強他們的肢體協調能力。

小貼士
- 在家長陪同下才進行遊戲，避免小朋友將波子吞下或放進鼻孔及耳朵內；
- 足部練習建議在地墊上進行，避免小朋友跌倒受傷。

豆豆遊戲

專家顧問：許彩玉/註冊物理治療師

我們經常在飲用糖水、湯水或食用糕點時，吃到不同的豆類，不同的豆類有不同的好處，有的可去濕，有的可清熱。豆除了可為人體帶來健康外，更可以用來玩遊戲，鍛煉手眼協調能力及專注力。

遊戲④⑨：分豆樂（適合3至6歲）

豆的種類有許多，有紅豆、綠豆、黃豆、眉豆等，數之不盡，這個遊戲便是要小朋友將豆分類，考他們專注力及集中力。

How to play？

- 家長準備不同的豆各一些，將它們同時倒入一碗內，再準備多幾個小碗；
- 請小朋友把豆分類，並將它們分別放入不同的碗內；
- 家長可以設定時限，請小朋友在時限內完成。

Advantages

- 讓小朋友學會分類；
- 加強他們的專注力；
- 提升手眼協調能力。

小貼士
若是給年幼的小朋友進行此遊戲，家長宜先給兩種不同的豆予他們作分類。當他們年紀漸長，便可以加入更多不同類別的豆。

讓我將紅、綠豆分開啦！　　　　　　　　　　　*我已經分開了一些。*

遊戲 50：指縫夾豆（適合3至6歲）

　　通常我們會用筷子來夾食物，但以下這遊戲就一反傳統，棄用筷子來夾豆豆，而是將手指變成筷子，看小手有多靈活，能夾到多少粒豆。

How to play？

- 家長準備一些豆，數量不可以太少，並將它們倒入碗內；
- 請小朋友將手指垂直插入碗內；
- 利用指縫來夾豆，夾完把手伸出，看看有多少粒。

Advantages

- 能夠鍛煉小肌肉；
- 提高手指的開合靈活度；
- 加強手眼協調能力。

小貼士
豆的數量一定要夠多，同時要倒在碗內，不要倒在碟上，否則小朋友很難用手指來夾豆的了。

我插手指入碗內，看看指縫可以夾到多少粒豆。　　　　*我可以夾到5粒呀！*

遊戲**51**：**豆中尋寶** (適合3至6歲)

　　尋寶遊戲一直都非常吸引小朋友參與，因為小朋友可以找到想像不到的寶藏。以下這個尋寶遊戲與豆有關，看看小朋友能在豆中尋出甚麼寶藏。

媽媽把玩具收藏在這盆豆內。

我一下子便能找出來了。

How to play？

- 家長在一個大碗或一個盆中，倒滿不同的豆；
- 家長準備一些小玩具，把玩具放進碗或盆內，用豆遮蓋着；
- 小朋友便從碗或盆中找出玩具來。

Advantages

- 能夠刺激小朋友的視覺；
- 加強他們的觀察力。

小貼士
用較大的盛器來盛載豆，可以收藏更多玩具，提高小朋友的興趣。

牙刷遊戲

專家顧問：邱岱溶/註冊社工

　　牙齒潔白靠每天利用牙刷刷牙，牙刷的功用都有好多，有時媽咪亦會用牙刷清潔一些狹小的縫隙位置。牙刷亦是用來玩遊戲的好工具，本文便利用牙刷設計3個有趣的遊戲。小朋友，快快準備牙刷，齊齊玩遊戲！

遊戲52：刷刷牙蟲 (適合3至6歲)

　　每日進食許多食物，飲用不同飲料，我們的口腔、牙齒上都有許多污穢，所以，我們需要每日定時刷牙，才能保持牙齒健康。不過很多年幼的孩子不懂得刷牙，這個遊戲便可教導孩子刷牙的重要性及如何刷牙。

在白紙上畫上一個張開的嘴巴，當中有許多牙齒。把畫上嘴巴的紙放入透明膠文件夾內，因應牙齒的位置，在透明膠文件夾上為牙齒髹上黑色，或畫上一些細菌。

家長可以因應牙齒的情況，向孩子發出指令。

70

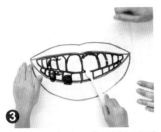

好處

- 家長可以在每隻牙上寫下不同的數字及英文字，請孩子因應指示把數字及英文字刷去，這樣可以讓孩子認識更多數字及英文字；
- 在刷污漬的過程，可以鍛煉孩子的小肌肉；
- 孩子在遊戲中可以學習聆聽指令。

❸ 孩子因應家長的指令，利用牙刷把膠文件夾上的污漬刷去，使牙齒變得光潔雪白。

遊戲❺❸：**刷刷尋尋寶**（適合3至6歲）

尋寶遊戲是孩子最喜歡的遊戲之一，既可尋寶又可考記憶力的遊戲，相信對孩子來說更加刺激好玩。大家快準備各種工具，開始尋寶吧！

❶

先準備一些米、盒子、牙刷及白紙，在白紙上畫一些小動物，然後把白紙放在盒底，再把米倒在白紙上，蓋過整張白紙。

❷

家長發出指示，請孩子尋找指定的小動物。

❸
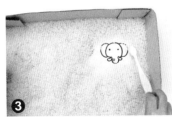

孩子要用牙刷刷開米粒，找出指定的小動物。如果找錯的話，便要把米粒重新蓋着小動物，再依據指示找另一隻小動物。

好處

- 在刷米的過程，可以鍛煉孩子的小肌肉；
- 這個遊戲能夠訓練孩子的記憶能力；
- 可以讓孩子學習聆聽指令。

遊戲 **54**：幫誰人刷牙？ (適合3至6歲)

刷牙是好重要的，否則不但會產生口氣，還會形成蛀牙。從小培養孩子刷牙的好習慣，可從幫公仔刷牙開始！

先準備數個公仔及牙刷。

家長及孩子一起唸口號「邊個想刷牙，xxx想刷牙。」大家一邊唸口號，一邊拍手。家長講出公仔的名稱。

孩子聽到家長說出某個公仔的名稱時，便用牙刷為它刷牙。

好處
- 能夠讓孩子學習聽取指令；
- 加強孩子刷牙的概念，增加刷牙的樂趣；
- 為公仔刷牙的過程，可以加強孩子的小肌肉。

72

地墊遊戲

專家顧問：聖雅各福群會樂寧兒童發展中心社工

很多家長會購買一些軟綿綿的膠地墊，把它們鋪在地上減低小朋友跌倒受傷的機會。其實，家長可以利用這些地墊，設計出不同的遊戲，有時隨手撿來的東西，亦可以製造無限的歡樂。

地墊遊戲多變化

一塊平平無奇的地墊，看似沒有甚麼特別，其實，它的用途真的很多，既可用來保護小朋友，免他們受傷之外，更可以用來墊着易破碎的物品，以免打破。地墊更可以用來設計遊戲，例如家長可以利用那些附有英文字母或數字款式的地墊，與小朋友玩一些拼湊英文字或計數的遊戲，利用地墊來學數學及英文生字，更加生動有趣，不會令小朋友感到刻板沉悶。原來一些看似簡單的物品，亦可以作出很多變化，只視乎家長是否願意花心思而已。

遊戲 **55**：**齊鬥快**（適合4至6歲）

地墊的款式多樣化，有些附有不同的數字，有些則附有不同的英文字母，而且每塊地墊的顏色都不相同，家長可以利用這些

73

家長先展示不同的地墊給小朋友看。

遊戲55

當小朋友猜對時,家長定可以加以讚賞。　小朋友猜錯的話,便需要再猜過了。

地墊的特點,與小朋友玩一些鬥快的遊戲,考考小朋友的反應。

How to play ?

- 家長先把所有地墊鋪在小朋友面前,讓他們能清楚看到地墊有甚麼顏色、英文字母及數字;
- 家長可以先考小朋友對顏色的認知度,家長隨意説出一種顏色,然後要求小朋友在時限內找出適當的地墊;
- 當小朋友熟習後,可以提高難度,要求小朋友在時限內找出指定顏色、英文字母或數字的地墊。

Advantages

- 可以提高小朋友的觀察力;
- 加強他們對顏色的認知度;
- 學習聽取指令;
- 能夠幫助他們認識更多英文字母及數字。

小貼士

- 遊戲之初不要把時間限制得太短,否則小朋友在時限完結了也找不到適當的地墊,便會增加他們的挫敗感,減低對遊戲的興趣;
- 起初家長可以只放數塊地墊在地上,當小朋友熟習後,才增加數量,提高難度;
- 宜在較空曠的地方進行這遊戲,這樣小朋友才易於看到所有地墊。

遊戲 56：考眼界 （適合3至5歲）

　　大家都可能曾收看一些有關日本人進行的挑戰賽節目，過程相當緊張刺激，兼且非常有趣，家長亦可以利用這些地墊，於家中進行相同的挑戰賽，相信小朋友一定玩得非常開心。

家長與小朋友一起把地墊砌好。　　　　　*家長指定目標，小朋友便把球擲向地墊。*

How to play？

- 家長先隨意挑選9塊不同的地墊，然後把它們砌成一個大正方形；
- 家長把地墊放好，並為小朋友準備一個小球，讓他們站在距離地墊一定的位置；
- 限時3分鐘內容許小朋友可以擲出12球，每次小朋友必須把小球擲中指定的地墊，若小朋友能於時限內，並且毋須擲出12球便可以擲中9塊地墊的，便為之勝出。

Advantages

- 這遊戲能夠提高小朋友手眼協調的能力；
- 能鍛鍊他們的大、小肌肉；
- 學習聽取指令；
- 提高他們的認知能力。

小貼士
- 遊戲之初，可以把時限加長及增加小朋友的發球次數，提高他們的成功率；
- 當小朋友熟習後，可以把他與地墊的距離拉遠，增加遊戲的難度；
- 遊戲進行前，家長應先搬走家中雜物，特別是易破碎的物品，避免被小球打破。

扇子遊戲

專家顧問：許彩玉／註冊物理治療師

當風扇及冷氣尚未普及時，大家都會拿着一把扇子來撥涼，但近年已經少見這情況了，不知在你的家中是否還能尋找得到扇子的蹤影？現在大家齊來用扇子玩三個遊戲，如果沒有扇子的話，便快快去準備。

遊戲57：風起了 (適合3至6歲)

早前一套名為《風起了》的卡通，引起大家廣泛討論，而這個同樣名為風起了的遊戲，雖然與該卡通無關，但卻與風有莫大關係。

Material

扇子、氣球、紙碎、廁紙

How to play？

- 家長為小朋友及自己各準備一把扇子；
- 先放紙巾在桌上，然後大家搖動扇子，把紙巾吹起；
- 再放一些紙碎，大家搖動扇子，把它們吹起來。

Advantages

- 透過搖動扇子，利用風力吹動不同物品，可以讓小朋友明白風力的原理，亦可以明白不同重量物品被風吹時，所升起的高度都不同。

小貼士
家長可以準備一些不能被風吹起的物品，讓小朋友多作不同的試驗。

搖動扇子把紙巾吹起來。　*我要把紙碎吹起來。*

遊戲❺❽：大風吹球賽（適合3至6歲）

　　小時候大家有沒有玩過名為大風吹的遊戲，負責的小朋友講出一種特徵，擁有這特徵的小朋友便要走。以下這遊戲同樣名為大風吹，但是利用風力來鬥波！

Material

扇子、乒乓球

How to play？

- 家長及小朋友各持一把扇子，面對面坐着，中間保持一些距離；
- 大家猜拳，勝了的先開球；
- 大家不停搖動扇子，盡量把球吹入對方龍門。

Advantages

- 可以鍛煉小朋友手部的肌肉，加強手眼協調能力。

小貼士
只能搖動扇子產生風力把球吹向對方龍門，不能用手推。

我要把乒乓球吹入你的龍門。　*我勝了！*

遊戲**59**：**扇子舞**（適合3歲或以上）

大家有沒有唱過《打開蚊帳》這首兒歌？以下這遊戲與這首兒歌有關，家長與小朋友一起唱一起玩，一定很開心。

「打開蚊帳，打開蚊帳」

扇子吹出來的風好舒服啊！

Material

扇子

How to play ?

- 家長與小朋友面對面坐着，如果是年幼的小朋友，家長可以抱着他們；
- 然後一起唱「打開蚊帳，打開蚊帳，有隻蚊，有隻蚊，快啲攞把扇嚟，快啲攞把扇嚟，撥走佢，撥走佢。」
- 當唱至「撥走佢、撥走佢」時，家長用扇在小朋友面上搖動扇子，產生一陣大風的感覺。

Advantages

- 藉以增加親子感情，讓小朋友明白到風力的原理。

> **小貼士**
> 家長搖動扇子時，可以用不同的力度，這樣更好玩。

78

報紙遊戲

專家顧問：邱岱溶/註冊社工

雖然現在大部份人都上網閱讀新聞，但報紙始終有其存在價值，很多人依然保持閱報的習慣。報紙除了為大家提供資訊外，亦是小朋友玩遊戲的好幫手。報紙可以用來玩二人三足，更可以當棒球，所費無幾，但已經可以消磨一整天了。

遊戲60：二人三足 （適合3至6歲）

二人三足並不是甚麼新玩意，相信好多人也曾玩過，但今次教大家玩的二人三足則有些不同，大家不是用繩子來綁腳，而是利用報紙把雙腳繫在一起，看看完成活動後，報紙是否完整無缺。

用具：報紙、剪刀

好處
- 能夠考驗小朋友與家長的默契
- 學習聽取指令
- 加強眼睛及雙腳的協調

79

遊戲60

張開報紙，在其上剪兩個並排而足以讓腳穿過的孔；先讓小朋友把右腳穿入其中一個孔中。

家長把左腳穿入另一個孔中。

好了！其中一人負責給指令，1、2、3，大家一起先提起穿入報紙的腳，然後提起另一隻腳，一步一步向前行，直至行到終點，而報紙又沒有爛，便為之勝利。

遊戲**61**：眼明腳快（適合3至6歲）

　　這個遊戲相當考小朋友的眼睛及雙腳的協調能力，以及其反應，看看他們能否每次都準確無誤地跳在報紙上。

用具：報紙、釘孔機、長繩子

好處
- 學習聆聽指令
- 考小朋友眼睛及雙腳的協調能力

在報紙上釘一個孔，把繩子穿入，打一個結。

請小朋友站在報紙上，家長拉着繩子。

家長發號施令，數「1、2、3」後小朋友便跳起，同時家長把報紙向前拉，小朋友必須跳回報紙上，才為之勝利。

遊戲**62**：**棒球小子**（適合3至6歲）

棒球這項運動在國外非常流行，很講求團隊的合作性，亦講求眼睛及四肢的協調性。小朋友只要準備報紙，便可以化身棒球小子，擊出漂亮的一球。

❶

取一些報紙，把它搓成一個報紙球，用膠紙貼牢。然後取一些報紙，把它捲起成一支棒，用膠紙貼牢。

❷

家長把報紙球拋出來。

❸

小朋友便要瞄準目標，用報紙棒把球打出。

用具：報紙、膠紙

好處
- 鍛煉小朋友的眼睛及肢體的協調能力
- 鍛煉小朋友的大肌肉
- 加強他們的專注力

81

水杯水樽遊戲

專家顧問：許彩玉/註冊物理治療師

每一日我們都聽到許多不同的聲音，有的很悅耳動聽，有的則非常吵耳。在嘈雜的環境下，對於小朋友的聽覺發展都可能會構成影響。家長可以嘗試與他們玩以下介紹有關聽覺的遊戲，既好玩又對他們的聽覺發展有幫助。

遊戲❻❸：水杯音樂團（適合3至6歲）

相信很多小朋友都可能曾經玩過這個遊戲，但只要加入一些新元素，便可以帶出新鮮感，同時，又可以刺激小朋友其他方面的發展。

How to play?

- 家長先準備數個不同的玻璃杯、一對筷子、清水，將水倒入杯子內，每個杯內水的份量不可以相同；
- 讓小朋友用筷子敲打玻璃杯，認識不同的音調；
- 家長可以講出不同的音調，請小朋友選出正確的杯子。

Advantages

- 能夠刺激小朋友的聽覺發展；
- 可以訓練小朋友的記憶能力；
- 增加他們對音樂的興趣。

小貼士
- 如果是年幼的小朋友，家長可以減少杯子的數量，當他們熟習後，可以增加杯子的數量；
- 如想增加難度，可以將每杯水的份量的差距減少，考考小朋友的聽覺。

你看！我能演奏出多麼美妙的音樂。   *我猜是黃色這個杯發出最響的聲音，對嗎？*

遊戲 64：潮型水管電話 (適合3至6歲)

　　以紙杯作電話這傳統遊戲，到現在仍有許多小朋友在玩。今次教大家以一個改良版的方式來玩此遊戲，就是以水管代替紙杯，更可以聽到自己的聲音呢！

How to play?

- 家長先準備一條軟膠水管，將它內外沖洗乾淨；
- 家長與小朋友各執軟膠水管一端，大家可以透過水管來對話；
- 小朋友亦可以將水管一端放近嘴巴，一端放近耳朵，以不同聲調說話。

Advantages

- 可以刺激小朋友的聽覺；
- 讓小朋友學習分辨大、細聲；
- 可提高他們的語言能力。

小貼士
- 家長與小朋友對話時，可以不同語調來對話；
- 家長可以透過對話與小朋友設計一個故事，這樣更可提高他們的創作能力。

哈！我聽到自己的聲音呀！   *仔仔，今晚想食甚麼？*

遊戲⑥⑤：Chok Chok膠樽 (適合3至6歲)

　　不知小朋友有沒有玩過沙鎚呢？以不同動力搖動它的時候會發出不同的聲響，相當得意。現在教大家自製獨特的chok chok膠樽，chok出不同音調節奏。

我將萬字夾放入膠樽裏面先！

吓！原來搖動這個膠樽是這樣的聲音。

How to play？

- 家長準備數個膠水樽及一些物品，例如萬字夾、筆、紅豆、米、水等，將它們分別放入各膠樽內，蓋好樽蓋；
- 讓小朋友逐一chok chok各個水樽，聽聽不同物品發出的聲音；
- 亦可替小朋友戴上眼罩，家長隨意chok chok不同的膠樽，增加難度，請小朋友猜猜是甚麼東西。

Advantages

- 可以刺激小朋友的聽覺能力；
- 可增強他們的辨聲能力；
- 可加強他們的判斷能力。

小貼士
- 家長在挑選物品時，宜以安全為大前提，避免令小朋友受傷；
- 家長可以因應小朋友的年齡及能力來加減膠樽的數量。

紙巾盒遊戲

專家顧問：劉葆琪/註冊社工

很多人都會在家中或寫字樓放置一些盒裝紙巾，方便隨時使用。用完的紙巾盒通常都會成為廢物，其實家長可以把紙巾盒收集起來，與小朋友一起玩遊戲，省金錢又環保，是相當不錯的遊戲工具。

遊戲66：環保保齡球（適合3歲或以上）

保齡球是一項非常適合培養專注力的球類運動，但由於保齡球太重，尚未適合幼兒進行。家長可以利用紙巾盒，自創環保保齡球，對於培養小朋友專注力甚有幫助。

Materials

不同顏色或圖案的紙巾盒數個、皮球一個

How to play？

- 家長先將紙巾盒並列在地上；
- 家長可以先請小朋友把皮球拋出，把紙巾盒逐一擊倒；
- 進階方法：家長可以請小朋友依指示，把指定的紙巾盒用皮球擊倒。

小貼士
如果是相同款式的紙巾盒，家長可以為它們編號或鬆上不同顏色，以作識別。

Advantages

- 能夠訓練小朋友的集中力及專注力；
- 能加強他們的手眼協調能力。

你嘗試用皮球擊倒紅色的紙巾盒吧！ *我一定會擊中它的。*

遊戲**67**：**顏色多繽Fun**（適合3至6歲）

　　世上有各種不同的顏色，即使同一種色也可以有深淺程度的分別，以下介紹的這個遊戲便與顏色有關，能夠幫助小朋友認識不同顏色。

Materials

不同顏色的紙巾盒數個，與紙巾盒相同顏色的積木各數件

How to play？

- 把紙巾盒放在地上，再把積木放入相同顏色的紙巾盒內；
- 再於中央及起點位置放下兩個紙巾盒及一張小凳作障礙物；
- 小朋友首先站在小凳上，然後跨過中央的紙巾盒，再依指示，從指定顏色的紙巾盒中取出適當顏色及數量的積木。

Advantages

- 能夠訓練小朋友視覺的專注能力；
- 能提高身體的協調能力。

> **小貼士**
> 為了提升難度及趣味，家長可以要求小朋友取得積木後，再跨越障礙物回到起點。

我跨越第二個障礙物了。 *我要取3件黃色的積木。*

遊戲 ❻❽：神秘小盒子 （適合3至6歲）

　　人們一向為具有神秘感的東西而着迷，特別是好奇心大的小朋友，就更喜歡具神秘感的東西，以下這遊戲正好滿足充滿好奇心的小朋友。

❶

我要好好記住有甚麼東西。

❷

讓我猜猜這是甚麼東西。

Materials

紙巾盒1個、一些小朋友的日常用品

How to play？

- 家長準備一些小朋友的日常用品，如牙刷、毛巾、筆、間尺；
- 先讓他們逐一觸摸，然後，家長靜靜地把其中一件物品放入紙巾盒內，小朋友不可窺看；
- 小朋友伸手進紙巾盒內觸摸這件物品，憑記憶及感覺，猜猜它是甚麼東西。

Advantages

- 能夠訓練小朋友的集中力；
- 可以加強他們的觸覺及記憶力。

小貼士

家長盡量挑選一些體積較小的物品，方便放入紙巾盒內。

紙盒遊戲

專家顧問：邱岱溶/註冊社工

　　不論是大紙盒或是小紙盒，於每人身邊總能找到一個。紙盒既具實用性，能夠盛載不同物品之餘，更可以用來進行不同遊戲。不論大紙盒或是小紙盒，都可以是遊戲的好材料。

遊戲69：吹吹棉花球（適合3至6歲）

　　本來棉花球、紙盒及足球三者各不相干，但以下這個遊戲卻能將這三樣風馬牛不相及的物品串連起來，玩出獨一無二的足球賽。

Material

A4紙盒蓋1個、粗飲管2支、棉花球1個、綠色A4畫紙1張、黑色水筆1支

How to play？

- 在綠色畫紙上畫出足球場的界線，並放入紙盒蓋內；
- 家長及小朋友各持一支飲管，並分別站在紙盒蓋兩端；
- 把棉花球放在球場中心，大家鬥快把棉花球吹入對方的龍門，入球次數越多的便為之勝利。

Advantages

- 能夠訓練小朋友的口肌；
- 能夠強化他們的心肺功能；
- 加強他們的手眼協調能力。

遊戲69

❶

❷

小貼士
必須使用粗飲管,否則較難把棉花球吹動。

先把棉花球放在球場中心。

我們要鬥快把棉花球吹入對方的龍門。

遊戲⑦⓪：拋物件 (適合3至6歲)

　　日常生活中,大家都會做拋物件這個動作,但原來拋物件也可以是個遊戲,只要配合紙盒,便可以讓小朋友玩得盡興。

Material

豆袋數個、紙盒3個、卡紙1張、水筆1支、膠水1樽、剪刀1把

How to play

- 在卡紙上寫下不同分數,剪出並分別貼在各個盒上。把高分的盒子放在較遠位置,分數越低的放在較前位置;
- 小朋友站在一個位置,與紙盒保持一段距離;
- 小朋友把豆袋逐一拋入紙盒,完成後再由家長拋豆袋,最後計算分數,看誰較高分。

Advantages

- 能夠提高小朋友手眼協調能力;
- 加強他們的臂力;
- 能夠提升專注力。

小貼士
如果有足夠場地,可以增加紙盒的數量,令遊戲更刺激好玩。

❶

❷

只要瞄準最高分的紙盒,把豆袋拋進去。

這次一定能夠中的。

89

遊戲71：彈珠人（適合4至6歲）

彈珠人卡通曾經紅極一時，深受小朋友歡迎，想不想感受彈珠人的威力？就要快快準備材料，齊齊投入彈珠人的世界。

我一定能把波子彈入高分的洞內。

不知這架黃色的車仔能否入洞呢？

Material

紙巾盒1個、剔刀1把、波子數粒、膠水1樽、卡紙1張、水筆1支、小型玩具車數架

How to play？

- 先在紙巾盒上剔出一排不同形狀及大小的洞，在卡紙上寫上不同分數，把它們剪下，分別貼在各洞口上；
- 小朋友用前三指把波子彈進不同的洞內。小朋友完成後，再由家長進行，最後計算分數，看誰最高分；
- 亦可以用玩具車代替波子，增加難度。

Advantages

- 加強小朋友手眼協調能力；
- 提高他們視覺專注；
- 能訓練他們的手肌。

小貼士

洞口越細，難度便越高，當小朋友熟習後，家長可以提高難度，增加趣味性。

飲品盒遊戲

專家顧問：邱岱溶/註冊社工

包裝飲品盒形狀各異，有屋形、長方形及三角形，有大又有小，顏色及設計亦各有不同，細心留意的話，可以找出很多有趣的地方。把飲品盒清潔乾淨及風乾，便可以用來玩遊戲，發揮無限的創意。

遊戲72：疊疊樂 (適合3歲或以上)

相信大家都曾經玩過積木製的層層疊，從中抽取一塊積木，再把它疊高，過程相當緊張刺激，定力稍遜隨時全軍覆沒。今次利用層層疊的概念，請小朋友把不同形狀及大小的飲品盒疊起，砌出不同的形狀。

好處
- 訓練小朋友的手眼協調能力；
- 加強他們的創意思維；
- 鍛煉他們的耐性及定力。

❶

首先準備多個形狀及大小不同的飲品盒，將它們洗淨、風乾。

91

遊戲72

② 把飲品盒交給小朋友，請他們把飲品盒疊起來。

③ 家長也可以協助，大家一起合作，砌出理想的形狀。

遊戲 **73**：**彈彈球**（適合3歲或以上）

　　這遊戲非常考驗小朋友控制間尺的力度，如果力度控制不好，紙球便不能投進盒內。不過，相信以小朋友的聰明才智，一定能夠一擊即中。

好處

- 訓練小朋友的思考能力，他們必須思考按下間尺所用的力度；
- 提高他們的手眼協調能力；
- 加強小朋友的邏輯思維。

① 首先準備一些小紙球、紙盒、間尺及飲品盒。

② 把間尺放在飲品盒上，用手按着間尺，別讓它移動。把紙盒放在前方位置，在間尺的前方放上一粒紙球。

③ 用手按下間尺的末端，讓紙球彈起來，飛向紙盒，看看它能否投進盒內。

遊戲 **7 4**：**夾夾波** （適合3歲或以上）

　　將飲品盒剥開一半，它便會成為一個大嘴巴，用這個大嘴巴可以夾不同顏色的紙球，看誰能夠眼明手快，夾中指定顏色的紙球。

❶

先把飲品盒剥開一半，成為一個大嘴巴。另外，準備一些不同顏色的小紙球。

❷

將紙球隨意放在桌上，然後，家長發號施令，説出需要小朋友夾甚麼顏色的紙球。

❸

小朋友以最快的速度，夾中家長所指示的紙球，便為之贏家。

好處
- 鍛煉小朋友的小肌肉活度；
- 加強他們手眼協調能力；
- 讓小朋友認識不同顏色，以及學習聽取指令。

廁紙筒遊戲

專家顧問：文珮琪/註冊社工

當大家用完廁紙後，多數會隨意地把廁紙筒丟掉。其實，一個簡單的廁紙筒可以變化出不同遊戲，為小朋友及家長帶來無窮歡樂，以及更親密的關係。

廁紙筒有大的也有小的，很多時都會利用它做許多不同的手工，原來它都可以用來做遊戲，其中，最簡單而又可以訓練小朋友思考及語言能力的，就是玩角色扮演遊戲，將廁紙包裝成不同的公仔，利用這些公仔來創作故事，更可以多人一起參與，增加歡樂，亦可以提高小朋友的社交能力。

遊戲75：極速穿梭機（適合5至8歲）

乘坐穿梭機，到太空旅遊已經不再是夢想，不過，要負擔昂貴的旅費亦不是易事。雖然暫時太空之旅未能成行，但可以用廁紙筒自製一架穿梭機，讓它一飛沖天。

How to play?

- 先用雜誌紙將廁紙筒包裝成一架穿梭機，然後將兩條長長的繩子穿入廁紙筒內，小朋友及家長各拉着兩條繩子的一端，二人相距約兩米面對面站好。

家長與小朋友各執繩子的一端。

小朋友拼命張開雙手,讓穿梭機飛向家長。

家長拉開繩子,讓穿梭機飛向小朋友。

- 將穿梭機推近小朋友的一方,之後盡量張開雙手,穿梭機便會飛向家長。
- 之後,家長盡量張開雙手,穿梭機便會飛向小朋友的了。

Advantages

- 提升小朋友手眼協調能力;
- 鍛煉他們的大肌肉;
- 培養小朋友與別人的合作性。

> **小貼士**
> 所準備的繩子要夠長,因為繩子太短便影響遊戲的趣味性。玩的時候必須將繩子拉直,否則效果欠佳。

遊戲76：穿山洞 (適合4至8歲)

　　大家小時候都曾玩過穿山洞的遊戲,小朋友們一個跟一個,穿過由另外兩個小朋友造成的山洞,當歌曲唱完便捉小朋友,相當有趣。但今次這個遊戲是用波子及廁紙筒來玩,都不失刺激感覺。

How to play

- 利用手工紙及雜誌紙將廁紙筒包裝成一艘艘帆船,然後隨意將它們垂直地貼在桌上不同位置。
- 小朋友將波子放在適當位置,瞄準目標。

- 將波子彈向目標的廁紙筒，看它是否能夠穿過。

Advantages

- 鍛煉手眼協調能力；
- 訓練小肌肉的靈活性；
- 培養小朋友的專注力。

遊戲76

①

大家齊齊將廁紙筒包裝成帆船。

②

放好波子，瞄準目標。

③

波子順利地穿過廁紙筒了。

小貼士

可以將廁紙筒每個隔3至4厘米，連成直線，然而大家進行比賽，看誰的波子能夠穿越最多廁紙筒。因為遊戲內附波子，故適宜3歲或以上的孩子玩此遊戲。

GALT

激發孩子最佳的靈感遊戲

The best inspiration game

Water Magic 神奇水畫筆系列

從遊戲中激發無窮想象力，小朋友旅行的解悶好伴侶

嬰兒系列

18m+

小童系列

3yr+

環保　方便　乾淨

用水塗色，可重複畫

執玩具遊戲

專家顧問：許彩玉／註冊物理治療師

現今社會環境富庶，每個小朋友都擁有很多玩具，但經過一段時間，從前心愛的玩具到今天可能已被遺忘。本文透過3個執玩具遊戲，正好讓小朋友學習分類、分配時間和捐贈。

遊戲 **77**：學識分類（適合2至6歲）

現今的小朋友都擁有很多玩具，但大都會將它們雜亂無章地存放，以下介紹的遊戲，可以讓小朋友透過執拾玩具來學習分類，非常好玩。

How to play?

- 家長先將所有玩具箱推出來；
- 家長與小朋友一起檢視各款玩具；
- 家長設定時限，與小朋友鬥快把玩具分類，然後將它們存放妥當。

Advantages

- 分類的工序非常重要，可以讓小朋友明白不同的種類、相同與不同、數量的多與少；
- 而透過分類，可以讓小朋友學懂做事有條理、有系統。

遊戲77

小朋友將雜亂的玩具箱重新整理。　　　　*將同類的玩具放在一起，學習分類。*

遊戲**78**：**學分配時間**（適合2歲或以上）

　　玩遊戲固然是樂事，但如果整天只顧着玩則絕對不是好事了。所以，在玩之餘都要學習分配時間，作息定時才為正確啊！

How to play?

- 家長先準備一些紙及筆；
- 家長在紙上寫上星期一至日，設計好時間表的圖樣；
- 家長可以透過對小朋友發問問題，然後，讓他們自己安排每日工作、休息及遊戲的時間。

Advantages

- 時間表能讓小朋友有系統地安排日常活動，在指定時間內做應該做的事；
- 能鍛煉小朋友的耐性，於指定時間安坐下來做事。

家長與小朋友一起設計時間表，認識作息有序。　　*小朋友溫習完畢，便可以盡情地玩耍了。*

遊戲 79：學識捐贈 （適合2至6歲）

　　玩玩具除了可以學習不同知識外，亦都可以培養小朋友的愛心。家長可以教小朋友在執拾玩具時，學習做挑選，將不再需要的玩具捐贈給有需要人士，將愛心傳揚出去。

家長可以向小朋友問一些問題，讓他們去思考。

小朋友將不再需要的玩具放入袋中，捐贈給有需要人士。

How to play？

- 家長將所有玩具放在一起；
- 每次拿起一件玩具時，家長可以向小朋友問一些問題，例如：「你是否喜歡這件玩具？」、「你近日已經很少玩這玩具，是否不再喜歡它呢？」引導小朋友思考對這些玩具的看法，分析自己是否再需要這些玩具；
- 大家一起將不再需要的玩具放入袋內，然後捐贈給有需要人士或機構。

Advantages

- 可以培養小朋友的愛心，學懂關心他人；
- 能培養小朋友的思考及分析能力，從不同角度考慮事情。

小貼士
- 讓小朋友自由地發表對玩具的感受，不可以強迫他們將玩具捐贈他人；
- 家長可以與小朋友帶同玩具一起去捐贈給有需要的人士，讓他們更了解社會上不同階層人士的生活。

逆境遊戲

專家顧問：梁嘉敏/課程發展總監

AQ，是逆境商數，乃指人在面對逆境時的處理能力。現今小朋友備受爸媽呵護，假若事情稍一不順，或會輕言放棄。其實，爸媽能以遊戲為小朋友製造各種逆境，讓他們習慣面對，繼而勇於接受挑戰。

遊戲❽⓪：積木疊高高 （適合3至6歲）

所謂AQ，就是說當發生困難時，那個人到底能否再振作，且面對逆境的挑戰。積木越疊越高，慢慢會開始震動或搖晃，小朋友如此努力去做到的成果可能會一瞬間消失，自然會膽怯，這時候就需要媽媽的鼓勵。而且，媽媽假裝不小心弄倒積木，為小朋友創造一個逆境，他們必須學會控制自己的情緒，不會緊張、發脾氣，而去做想做的事—重新疊高。

道具：各種顏色及形狀的積木

其他好處

除了AQ外，這個疊積木遊戲還可以幫助訓練小朋友的專注力及小手肌，甚至增進認知發展。這是因為積木玩具有無窮玩法，比方只用紅色的去疊，此也能保持遊戲的新鮮感，讓小朋友常玩不厭。另外，幼兒課程發展總監梁嘉敏表示，正因沒有固定玩法，小朋友可任意選擇砌疊的方式，培養想像力。

① 小朋友按媽媽指示把積木疊高。

② 積木越疊越高，媽媽需鼓勵小朋友讓他們繼續。

③ 媽媽假裝不小心把積木弄倒，要求小朋友再疊。

進階
提升難度或加入特別指示，例如只能用正方體積木去疊。

遊戲**81**：鱷魚口中逃 （適合3至6歲）

小朋友多喜歡玩模擬遊戲(pretend play)，而媽媽就能利用這遊戲形式創造一個他們能較易理解的逆境：鱷魚很惡，且會咬人，牠正在你附近；正因小朋友想像力豐富，就份外感覺到這困境的緊張性。腳踏的存在，可讓小朋友真實地跨過挑戰，知道面對逆境時，自己到底應該怎樣去處理。

道具：腳踏、鱷魚圖案

其他好處

這個遊戲因含模擬元素，媽媽與小朋友在進行過程中會有許多對話，比方「條鱷魚游得越嚟越近你喇」、「有幾多條鱷魚喺我附近」等，增加溝通機會，於小朋友的語言發展甚有幫助。另外，若將之化作集體遊戲，更能訓練小朋友的社交和明白合作的重要，因為他們或會一起牽手過河；當他人快跌倒，又可互相幫助。

① 小朋友模擬在水邊，要踩腳踏（模擬水中石頭）過河。

② 媽媽表示若果小朋友的腳踩進水裏，便可能被鱷魚咬到。

③ 媽媽說鱷魚正從後追咬小朋友，引導他們加快過河速度；媽媽應在過程中多作鼓勵。

進階
媽媽移動腳踏，增加它們之間的距離。

遊戲82：無敵障礙賽 (適合3至6歲)

　　此遊戲是希望透過設置一些障礙物，令小朋友面對更多挑戰，當他們發現不能往直走(逆境)，就必須思考應該怎樣處理。在過程中，如小朋友向媽媽尋求幫助，建議媽媽能以問題作引導，而不直接出手，讓其不會習慣依賴他人去面對逆境。另外，媽媽在佈置時需要考慮障礙物的難度，不可以太容易，必須有高有低，否則欠缺挑戰性。

媽媽帶領小朋友走障礙道。

在中途，媽媽嘗試鬆開小朋友的手，讓他們自己走。

要求小朋友不倚扶任何椅背向前行。

道具：各款小椅子、迷你隧道

其他好處

　　在進行障礙賽時，小朋友少不免會跌倒甚或害怕，並因此而停步不前。這個時候，媽媽的角色就很重要，必須多加鼓勵和引導小朋友，讓他們有信心繼續面對挑戰，並學懂思考及處理。其實，經過重複的嘗試和訓練，小朋友逐漸會覺得挑戰並非想像般那麼困難，自己原來也能做得到，加強自信心。

進階
小朋友獨自完成全程障礙賽。

視覺遊戲

專家顧問：伍玉玲/註冊職業治療師

提到運動，相信很多家長只會注意小朋友身體、四肢的運動，卻忽略了眼睛都要做運動。本文特別教大家做一些簡單的小訓練，來提升眼睛的能力，對於手眼協調、書寫能力及學習均大有幫助。

　　倘若家長發覺小朋友分不清左右，將英文字倒轉來看，或抄黑板出現困難，他們便可能出現視覺感知能力弱。視覺感知能力弱會影響小朋友的閱讀、自理、書寫等，身為家長不可小覷這問題。

何謂視覺感知？

　　所謂視覺感知能力，最基本的就是視覺專注和視覺追蹤，讓我們可以留心觀察，協調眼球肌肉去追蹤視覺鎖定的目標。視覺感知能力包括有視覺記憶、視覺空間、物件恆常性、主體背景感、視覺辨別能力及視覺聯合能力，此五者與小朋友的認知發展有着密切的關係。

視覺感知能力弱的表徵

- 分不清左右方向
- 倒轉字母或字，例如「was」寫成「saw」
- 當同樣的文字以不同的字體顯示時，會出現不能辨認的情況
- 抄黑板的時候有困難
- 把結構形狀相似的字混淆，例如「大」及「太」
- 閱讀圖書時，常會跳字或跳行

視覺感知能力弱的小朋友，他們書寫會出現如圖的情況。

遊戲❽❸：七巧板練眼力（適合5歲或以上）

How to play?

- 家長先準備兩套七巧板；
- 家長先以3至4塊七巧板隨意砌出一個圖案；
- 然後請小朋友仿砌相同的圖案。

訓練目標：提升視覺空間感

❶ 家長砌出一個圖案，請幼兒仿砌。

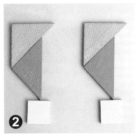

❷ 幼兒砌出相同圖案。

小貼士
- 若幼兒未能仿砌，家長可以協助放置其中兩塊以作提示，讓幼兒放置最後一塊；
- 購買色彩繽紛的七巧板給幼兒，可有顏色提示。

遊戲**84**：**猜猜我是誰**（適合5歲或以上）

How to play ?

- 家長先準備一些圖卡，例如不同的水果、動物及用具的圖卡；
- 家長準備一張白紙，隨意在白紙上剪一些孔；
- 家長隨意抽一張圖卡，將它放置在有孔的白紙下，請幼兒看看，猜猜圖卡上的是甚麼。

訓練目標：提升視覺空間感

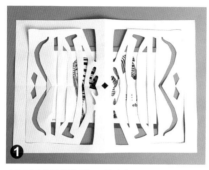

小貼士
- 若然幼兒已熟悉玩法，家長可以用生字卡代替圖卡來進行遊戲；
- 把白紙上的孔剪得細小及疏落一點，可以增加遊戲的難度。

家長用有孔的白紙蓋着圖卡，請幼兒猜猜是甚麼。

紙上的孔越細小及疏落，便越難猜中。

遊戲**85**：**電筒畫**（適合5歲或以上）

How to play？

- 家長準備兩支小電筒，一些英文字母或數字模型；
- 家長先抽取其中一個數字；
- 把家中的燈光調暗，然後用電筒於牆上「畫」出數字，請幼兒猜猜是甚麼數字；
- 幼兒猜中的話，可獲得此數字的模型。

訓練目標：提升視覺空間感

小貼士
- 家長可以比賽的形式進行遊戲，看誰可以獲得最多字母及數字模型；
- 家長可以此方式教幼兒學寫字，增加他們學習的興趣。

家長以小電筒於牆上寫字，請幼兒猜一猜。

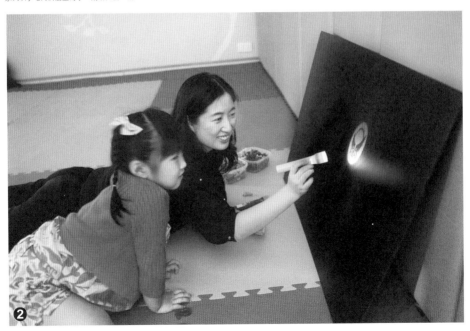

以電筒寫出不同的字，請小朋友猜估。

觸感遊戲

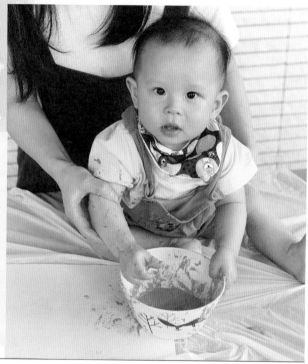

千里之行始於足下，寶寶腳掌將會踏遍世界各地，在羽翼未豐之時，先玩個觸感小遊戲吧！坊間不少playgroup、幼稚園也有類似活動，用來鼓勵寶寶自由探索，刺激感官發展。

遊戲86：小小腳印 (適合1至3歲)

點解要玩？

近年不少家長都意識到幫助孩子發現感官的重要性，於是在日常生活中更刻意讓孩子接觸不同質感的物件。

材料‧工具：
麵粉、清水、食用色素、硬卡紙

要點：

　　這個遊戲的顏料是用清水混合麵粉和食用色素而成，質感比一般顏料粗糙，小朋友未必習慣。

幼園老師提醒：

　　幼稚園課堂上也會進行類似的活動，偶爾會有幾位小朋友因為不習慣這種感覺而哭起來。其實孩子感到不舒服是可以諒解的，然而不建議孩子一哭就馬上終止活動，反而可以嘗試選用不同質地的工具沾上顏料，例如木筷子、膠叉子、發泡膠、梳子等塗上小朋友的腳，看看哪種工具的質感能減輕他們不安的感覺，隨後再慢慢繼續活動。

注意事項：

　　玩這個觸感小遊戲的過程容易弄髒孩子、媽媽和家居，事前建議做好「防污」措施。不過孩子玩得開心、滿足，家長也在所不惜了！

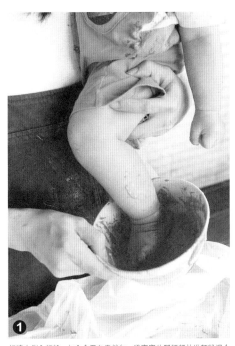

把清水倒入麵粉，加入食用色素拌勻，將寶寶的腳輕輕放進麵粉混合物中沾上顏色。　*把腳掌踏在硬卡紙上輕印，遊戲完畢！*

Part 2

手 腳 並 用
遊戲

有些小朋友懶做運動，家長便可利用遊戲
來鼓勵他們動手動腳了！本章介紹 7 類共 17 個
遊戲，利用四肢玩遊戲，有些手腳並用，有些
需要手眼協調，十分好玩益智，小朋友多玩玩，
在開心玩樂之餘，也可達到做運動的效果。

玩海陸空遊戲

專家顧問：許彩玉/註冊物理治療師

　　建立親子關係，最好方法是由身體接觸開始，親密一下，又毋須特別準備任何用具，一齊做運動，玩遊戲，Keep fit又健康。本文玩海陸空遊戲，讓小朋友與你一起扮作車、船、飛機，去玩樂吧！

遊戲 ❽❼：海之旅・船 （適合1至3歲）

　　搖小船由寶寶階段已經開始玩，因對腹部肌肉很有用，有收腹作用，同時又可以伸展一下背部肌肉，最開心是小朋友要很用力拉起家長，絕對是一個很好的合作遊戲。

How to play?

- 家長與小朋友面對面坐，拖着雙手，腳板緊貼；
- 呼氣時，家長向前俯身，小朋友用力向後拉，數 3 至10下；
- 每人各輪流一次。

Advantages

- 可以鍛煉腹部肌肉及伸展背部肌肉；
- 透過強化肌肉力量，改善姿勢；
- 可以加強親子的合作性。

遊戲87

媽咪，我用力拉！   *今次輪到我拉你嘞！*

小貼士
- 適宜坐在地墊進行，小心小朋友躺下時碰頭；
- 練習初期，維持時間較短，慢慢將時間延長；
- 家長可以扮起不來，要小朋友更加用力拉起來。

遊戲 **88**：**陸之旅・小火車** (適合3至6歲)

　　這遊戲難度較高及需要較大力氣，不過對腰背及上肢肌肉力量、肩關節穩定性及身體協調能力有很大功效。加上，很多小朋友都喜歡車，將小朋友變成小火車玩遊戲，他們都很樂意參與。

How to play?
- 俯臥伸直雙手支撐身體，雙腳提起離地由家長扶持；
- 家長可按小朋友的能力，將雙手協助位置由腰部開始，轉移至膝部，以至腳跟；
- 一起向前後或左右爬行，來回10呎距離。

Advantages
- 透過這個運動，可鍛煉腰背部及上肢肌肉力量，改善姿勢；
- 可以強化肩關節穩定性，提高書寫控制能力；
- 向不同方向爬行，可以加強方向感。

小貼士
- 家長需於開始時留意小朋友的臂力，避免爬得太快，碰傷前額；
- 若小朋友腰腹力量不足，需避免腰間位置過份下墮；
- 可由協助位置而調節難度，對小朋友而言，協調腰部較容易，協助腳跟則較費力。

遊戲88

① 小火車準備開動啦！

② 小火車行得好快喎！

遊戲❽❾：空之旅・飛機（適合3至6歲）

在空中飛翔是每個小朋友的心願，雖然不能經常坐飛機，但亦可將自己化身成一架飛機，靠自己的力量，振臂高飛。

How to play?

- 俯臥，對側手腳（左手右腳）伸直舉高離地，維持姿勢10秒；
- 然後慢慢放鬆，交替方向（右手左腳）重複；
- 每邊各重複10次。

Advantages

- 這運動可鍛煉背部肌肉，避免寒背情況；
- 四肢對側輪流活動，可增強身體協調動作
  能力，動作更靈活敏捷。

① 小飛機起飛啦！

② 我要飛高喲！

小貼士
- 手及腳提起的幅度不用過份地高，只需高至頭部即可；
- 腰腹位置要貼在地上。

認識身體遊戲

專家顧問：林碧君/遊戲導師

很多家長可能會覺得，與小朋友玩遊戲需要做很多事前準備工作，因此，窒礙了家長與小朋友玩遊戲的興趣。本文介紹這兩個親子遊戲，只需配合搖鼓及地墊，加些適合的肢體動作，便可以過一個快樂的親子遊戲時光。

身體教育計劃

　　人體由不同的部份組成，大致可以說由頭、四肢及身軀等部份組成，但如果要仔細來劃分，其實有許多不同的細小部位是被我們所忽略的。因此，「敢動！」導師林碧君表示，其所屬機構一向鼓勵小朋友在「玩」的輕鬆氛圍中，透過身體及不同的感官來認識及感受生活，發現身體及生活裏的無限可能。教學時，透過情境來引導比喻，引發小朋友自創動作，找到屬於自己的身體律動的節奏。在學習過程中，小朋友將會認識自己，建立健康、快樂、自信而好學的人生基礎。

遊戲**90**：**身體大風吹** (適合4至6歲)

How to play？

- 首先媽咪教小朋友認識自己身體不同的部份；
- 當小朋友熟悉後，便可以開玩遊戲。家長可以發出指令，如請小朋友以左手觸摸頭頂，或以右手觸摸左膝蓋等；
- 可以增加難度，家長在地上鋪上不同顏色的地墊，請小朋友站

在指定顏色的地墊上，然後以右手拍拍左肩膀。

Advantages

- 可以讓小朋友認識自己身體各部份；
- 由於小朋友要細心聆聽家長所發出的指令，所以亦能夠提高他們的專注及集中力；
- 當小朋友做不同動作時，亦能鍛煉他們的大肌肉；
- 當家長發出指令後，小朋友要即時做出適當的動作，這樣亦能考他們的反應。

遊戲90

我們一齊用手肘觸摸膝蓋。

我們用右手摸摸頭，左手按着臀部。

現在你站在紫色地墊上，用雙手抱起右腳。

小貼士

- 由於幼兒的關節及肌肉發展尚未成熟，並不是十分靈活，所以家長可以降低對他們的要求，避免讓他們做一些難度高的動作；
- 此遊戲亦可以同時間邀請多位小朋友參與，看誰能夠在最短的時間內做到指定的動作；
- 當小朋友熟習後，家長可以加快發出指令的速度，考考小朋友的聆聽能力、專注力，以及小朋友的反應。

How to play?

- 家長先請小朋友閉上眼睛，然後將搖鼓放在小朋友的頭頂上不停搖動，並請小朋友指出搖鼓的方向；
- 家長可以將搖鼓放在小朋友身邊不同的方向來搖動，請小朋友指出搖鼓的正確位置；
- 家長不停搖動搖鼓，帶領閉起雙眼的小朋友向前行。

Advantages

- 這遊戲能夠提高小朋友的聆聽能力；
- 當小朋友閉起雙眼來聆聽搖鼓聲時，他們需要憑其他感官來感受搖鼓的位置，這樣便能加強其他感官的發展；
- 遊戲中，小朋友需要閉起眼來跟隨搖鼓聲前行，這樣能夠考驗小朋友對別人的信任程度，亦加強他對自己的信心。

搖鼓在上面！

搖鼓在下面！

我一定可以跟隨搖鼓的聲音而行的。

小貼士
- 當進行遊戲前，家長應先將雜物搬走，避免於遊戲過程中令大家受傷；
- 當小朋友熟習後，可以加快轉變搖鼓搖動的位置，考小朋友的聆聽能力及反應；
- 當小朋友感到疲累時，便應該停止遊戲，避免他們對遊戲感到厭惡。

身體變包剪揼

專家顧問：林碧君/遊戲導師

大家對我們自己的身體各部份有多少認識呢？運用我們身體不同的部份，再加上無窮的創作意念，可以變化出不同的遊戲，而且極具娛樂性，更可鍛煉肢體，增加各部份的靈活度。

　　與小朋友玩遊戲不必大費周章的，有時候，簡單的工具，配合肢體動作，便可以玩一個下午，除了以下介紹的兩個與肢體有關的遊戲，家長亦可以與年幼的小寶寶玩肢體遊戲，如抱着他扮飛機，或是可以扮盪鞦韆，讓他前後盪來盪去，刺激他的前庭發展，亦可以與他做簡單的按摩，刺激他們的四肢，以及身體不同的部份發展，對他的健康都有很大幫助。

遊戲92：身體「包、剪、揼」（適合3至6歲）

　　猜「包、剪、揼」，相信大部份小朋友都識得玩，不過用身體不同的部份來做出包、剪、揼的形狀，你又試過未？大家齊齊發揮想像力，創出獨一無二的包、剪、揼。

How to play?

* 大家預先想像一下代表自己的包、剪、揼形狀，然後開始玩遊戲；
* 舉起雙手扮出「包」，蹺起雙手扮出「揼」；

- 一個蹲下去扮出「揼」，一個蹺手扮出「揼」。

Advantages

- 能夠刺激小朋友的創作思維；
- 鍛煉他們的大、小肌肉：
- 訓練小朋友的反應。

我出剪，你出包，我贏了！

我出包，你出揼，都是我贏啊！

我們都是出揼，打和！

小貼士
- 如果同年幼的小朋友玩這個遊戲，家長可以先做簡單的示範；
- 家長可以將這個猜拳方式，配合其他遊戲一同進行，如猜皇帝、猜樓梯；
- 玩遊戲時，宜在空曠的地方進行，避免受傷。

遊戲**93**：**身體蓋印章**（適合5至6歲）

　　小朋友一定見過爹哋媽咪蓋印章的了，有沒有想過學爹哋媽咪這樣做？小朋友只要運用身體不同的部份，便可以學習爹哋媽咪蓋印章，非常好玩刺激。

How to play?

- 家長先在A4紙上畫上不同圖案，分別將它們貼在不同顏色的軟墊上，然後鋪在地上；
- 家長發出指令，請小朋友用左腳及右手放在指定的圖案上；
- 小朋友發出指令，請家長用左膝及右腳放在指定圖案上，而家長則請小朋友將頭放在另一圖案上。

Advantages

- 可以讓小朋友學習聽取指令；
- 改變「頭上腳下」的習慣，讓小朋友突破自己熟悉的身體空間與活動空間，感受不同的空間組合所帶來的不同視野與空間感受；
- 提升空間感對生活細節與不同領域的學習有很大幫助。

❶ 家長預先設計不同的圖案，並貼在墊上。

❷ 小朋友將左腳及右手，放在家長指示的位置。　**❸** 家長一起參與，增加不少樂趣。

小貼士

- 玩遊戲時注意安全，小心小朋友扭傷頸部；
- 遊戲之初所做的動作可以較為簡單一些，當熟習後，可以加入更多高難度動作；
- 應在寬廣的地方進行遊戲，搬開所有雜物，減低受傷的機會。

扮香蕉玩鬥牛

專家顧問：林碧君/遊戲導師

我們的身體及四肢其實可以做出許多不同的動作，而透過這些特別的動作，可以加強小朋友不同的能力，本文介紹的兩個遊戲，除可鍛煉大、小肌肉，更可加強小朋友的空間感，並可鍛煉他們的耐力。

　　遊戲的定義其實非常廣泛的，既可分動、靜態，亦可以配合不同的輔助工具，如汽球、報紙或盒子等，隨手撿來的物品，都可以是玩遊戲的好工具，只要有豐富的想像力，便可以開開心心玩個夠。以下介紹的兩個遊戲玩法十分簡單，只要一個空曠場地便可以，毋須任何輔助工具。在這兩個遊戲中，小朋友既學習扮香蕉，又學習扮蠻牛，相當有趣又刺激，小朋友一定會覺得有趣又好玩。

遊戲❾❹：香蕉大挑戰（適合3至6歲）

　　香蕉有益身體，幫助消化，不過今次這遊戲並非以真正的香蕉來玩遊戲，而是把自己的身體及四肢扮香蕉，做出各種動作，提升空間感。

How to play?

1. 家長可以先準備一些香蕉，然後將香蕉擺出不同的形態，大家齊齊模仿；
2. 大家側身躺在地上，雙手及雙腳向前屈曲；

3. 小朋友坐在地上，稍為提高雙手及雙腳，家長則用雙手及雙腳
   支撐，按在地上，跨越小朋友之上。

Advantages

- 能夠增強小朋友的觀察能力及模仿能力；
- 能夠提升他們的空間感；
- 可以鍛煉他們的大肌肉。

遊戲94

你看！我準備了一隻香蕉，我們一齊扮香蕉啦！

我們躺在地上，彎曲身體，似不似香蕉呢？

我們這兩隻蕉做出高難度的動作。

小貼士
- 家長宜先準備一些香蕉，然後設計不同的形態，讓小朋友先觀察；
- 對於較年幼的小朋友來說，家長應讓他們先做一些簡單的動作；
- 宜在空曠的地方進行遊戲，減少受傷的機會。

遊戲 9 5 ： 鬥牛俱樂部 （適合4至6歲）

於電視節目內，很多時都會介紹西班牙的鬥牛活動，這活動既緊張又刺激。以下介紹的遊戲便是讓小朋友變身成一隻牛，與家長鬥耐力。

How to play?

1. 家長與小朋友站在地上，扎穩馬步，家長用手按着小朋友的頭頂，大家齊齊出力推；
2. 家長用雙手推着小朋友的手臂，小朋友用力抵抗；
3. 大家背對背，以臀部鬥力。

Advantages

- 能夠加強小朋友的耐力；
- 提高他們對挫折的容忍度；
- 使小朋友習慣接受挑戰，不怕面對困難。

我用力來推你這隻小蠻牛。

你的臂力都好大喎！

我們嘗試以臀部來鬥力。

小貼士
- 遊戲過程中，家長千萬別故意讓小朋友贏，因為要令他們學習面對輸及贏；
- 宜在空曠的地方進行遊戲；
- 注意地板是否太滑或有水漬，宜在清爽的地板進行。

尋寶藏拋接波

專家顧問：黃佩蓮/基督教信義會祥華幼稚園校長

根據美國哈佛大學迦納教授的多元智能理論，指出零至6歲是幼兒各個智能發展的關鍵期，這一階段幼兒的智力能否全面平衡地發展，會直接影響他們的一生。而培育小朋友多元智能最好的方法，莫過於透過遊戲，以下兩個遊戲定能達到理想效果。

多元智能包括有語言能力、數學邏輯、音樂旋律、身體運動、視覺空間、人際溝通、個人內省及自然觀察等八大智能，當然世上沒有一個人的八大智能皆是強項，但家長可以透過不同方法，發掘小朋友的專長之餘，更改善他們的弱項，使他們各項智能都得到平衡發展。

遊戲96：玩「你拋我接」 (適合3至6歲)

與小朋友玩拋接波波遊戲，他們會感到很開心，一方面可以讓他們跑跑跳跳，另一方面，可以給他們拋接波波，當他們能夠把波波接着時，會感到很滿足，很愉快。

How to play?

- 家長準備一些報紙或雜誌，然後與小朋友一起將它們搓成多個紙球；
- 給予小朋友數個紙球，家長則拿着一個袋子，請小朋友將紙球

拋進去；

- 小朋友完成後，便由家長負責拋紙球，小朋友負責拿着袋子了，看誰拋得最多紙球入袋子，便是大贏家。

Advantages

- 能夠訓練小朋友的手眼協調能力；
- 訓練雙手的拋接技巧；
- 鍛煉小肌肉及增強空間感。

遊戲96

大家齊把報紙搓成一個個紙球。

先讓小朋友將紙球拋入袋子中。

之後由家長負責拋紙球。

小貼士
- 與年幼小朋友玩的時候，可以保持較近的距離，讓他們易於將紙球拋入袋子中；
- 家長可以改變玩法，準備兩個籃子，大家同時拋紙球，看誰能於時限內拋入最多紙球；
- 由於紙張比較輕，可以用2至3張紙疊起來做一個紙球，這樣可以較易拋。

遊戲**97**：玩「尋寶樂」（適合4至6歲）

　　電視電影不時都會播放有關尋寶的片集，片中主角為了得到寶藏，過五關斬六將，過程緊張刺激。家長亦可以與小朋友齊齊玩尋寶遊戲，訓練多方面能力。

How to play?

- 家長先將一件玩具收藏起來，千萬別讓小朋友察覺得到；
- 家長擬定尋寶路線，並將之繪畫出來，尋寶的過程可以加入一些難度；
- 家長將路線圖交給小朋友，請他運用不同的方法，克服重重障礙，尋找寶物的位置。

Advantages

- 可以提高小朋友的解難能力、閱讀能力及興趣；
- 培養他們的空間感，加強他們的思考能力及想像力。

家長將玩具收藏妥當，不要讓小朋友發現。

擬定路線後，將路線圖交給小朋友。

終於找到寶藏了！

小貼士

- 遊戲之初，家長千萬別把路線設計得太複雜，當他們熟習後，可以加強難度；
- 當小朋友感到困難時，家長可以給予提示；
- 可改由小朋友設計尋寶路線，增加趣味性。

傳氣球練四肢

專家顧問：黃勵庭/註冊物理治療師

參加派對、嘉年華會、場地佈置或一些街頭表演都會見到氣球的蹤影。小朋友看見七彩繽紛的氣球總會感到開心快樂，本文介紹的三個氣球遊戲，配合肢體動作，對於強化四肢很有幫助。

遊戲 98：身體傳氣球 (適合3歲或以上)

以下所玩的遊戲相當緊張刺激，各人需要運用身體不同部位夾着氣球前進，稍一用力便可能將氣球夾爆，或在前進過程中氣球掉下來。大家齊準備氣球，加入夾氣球行列啦！

How to play?

- 家長準備數個氣球，首先大家運用兩邊手肘夾着氣球前進，從起點行至終點，看誰最先到達；
- 之後，再用雙腳夾着氣球，以跳躍方式前進，先到達終點者便勝出；
- 家長與小朋友面對面把氣球放在胸前位置夾着，慢慢步行至終點，要避免氣球在中途掉下來。

Advantages

- 能夠提升小朋友身體協調能力；
- 加強他們關節感覺能力。

我即使夾着氣球前進都沒有問題！   *我們要配合得好才不會令氣球掉下來。*

小貼士
夾氣球時不可以過於用力，避免夾爆氣球。

遊戲**99** : **踢氣球**（適合3歲或以上）

對於踢足球大家一定相當熟悉，但踢氣球大家就應該甚少接觸了，以下的遊戲便利用氣球代替足球，難度更高，更加刺激。

How to play?

- 利用雪糕筒或其他物品放置在房間兩端，設計成龍門；
- 把氣球當成足球一樣互相踢入對方龍門；
- 誰能把氣球踢入對方龍門最多次數的，便為之勝出。

Advantages

- 能夠訓練小朋友的腳眼協調能力；
- 能提升他們的靈敏度。

小貼士
可以在氣球上貼上膠紙，能夠令它下沉，亦能令它移動較足球慢，小朋友便可易於掌握。

遊戲99

① 我要盡快搶到氣球，踢入你的龍門！

② 我要射龍門了！

遊戲⑩⓪⓪：蟹行運氣球（適合4歲或以上）

以四肢支撐着地面扮作蟹般前進已經有一定的難度，再要夾着氣球則更加困難，看哪位小朋友扮演蟹仔運送氣球最出色？比試比試便有分曉。

How to play?

- 家長準備數個氣球；
- 先將氣球夾在兩個膝蓋之間；
- 以四肢支撐着地面，從起點前進至終點，看誰最先到達便勝出。

Advantages

- 訓練小朋友的四肢協調能力；
- 能夠鍛煉他們的腰腹力量。

好緊張啊！要扮蟹夾着氣球前進。

我就快到終點的了！

小貼士
家長可以將氣球放在小朋友的腹部，增加遊戲難度。

拍氣球練眼力

專家顧問：許彩玉/註冊物理治療師

七彩斑斕的氣球，是小朋友們最愛的恩物，看着它們隨風飄蕩，感覺很是自由。本文教大家玩三個與氣球有關的遊戲，簡單易玩，只要準備一個氣球，便可以開心玩一個下午。

遊戲 101：吹氣球 (適合1至3歲)

一個小小的氣球，當吹口氣進去，便會慢慢脹大；當放開手時，它又會慢慢縮小。小朋友一定會感到非常有趣，原來氣球一脹一縮便可以增加小朋友的常識，以及刺激他們視覺發展。

How to play?

- 家長準備一個氣球，請小朋友觀察氣球的變化；
- 家長先把氣球吹脹丁點，然後，再把氣球吹得脹脹的；
- 最後家長握着氣球的開口讓它慢慢放氣。

Advantages

- 引起小朋友的興趣，多看一些真實、立體、動態及有變化的事物，讓眼睛不只停在特定範圍內；
- 可以增加小朋友的常識，學會分辨大小。

家長先把氣球吹得細細的。　　　　　　　　*再把氣球吹得大大的，讓小朋友看看它的變化。*

小貼士
- 家長可以在氣球放氣時，將開口向着小朋友的臉，但速度不可以太快，太大風會嚇怕小朋友；
- 家長要預先練習吹氣球，因為吹氣球是需要運用肺功能的運動。

遊戲❶⓿❷：高速噴射追蹤（適合2至6歲）

　　「一飛衝天去，一飛衝天去，小小穿梭機。」對於能夠坐在穿梭機上飛上太空，是很多小朋友的夢想，但現在可能未能實現得到，不如用一個氣球扮成穿梭機，看它飛去甚麼地方。

How to play?
- 家長準備一個氣球，把它吹脹，緊握它的開口位置；
- 數「1、2、3......」再放開手；
- 與小朋友一起留意氣球飛到甚麼地方。

Advantages
- 充氣的氣球於放氣時，產生未能預計的路線變化，能增強眼球追視的速度及靈敏度，擴大視野；
- 高速的變化，會讓小朋友更提高警覺。

小貼士
- 小朋友可與家長相隔6至8呎的距離，讓他們仔細觀察氣球的路線變化；
- 放氣球時，開口向不同方向，便會產生不同的路線。

「1、2、3！」我準備放開氣球了！　　　　你看看它飛到甚麼地方！

遊戲 103：拍氣球 (適合4至6歲)

　　打排球、打籃球大家就玩得多，拍氣球你又試過未？氣球又輕又會隨風飄，打的時候都相當考驗技巧及眼力，不如現在就準備一個氣球，齊齊拍氣球啦！

How to play?

- 家長先吹脹一個氣球，用橡皮圈綁牢它的開口位置；
- 家長先將氣球拍給小朋友，然後小朋友拍回給家長；
- 拍的過程，盡量不要讓氣球跌在地上。

Advantages

- 拍氣球是一個很有效的手眼協調訓練；
- 而氣球在空中飄浮時間較長，能讓小朋友有較長時間觀察，訓練他們的視覺追蹤。

囝囝快些準備拍氣球啦！　　　　媽咪，你看我幾叻，能夠拍到氣球啊！

小貼士
- 起初玩的時候，可以輕力控制及盡量維持在同一位置內，讓小朋友較易掌握；
- 熟練後，可將氣球拍得更高及向不同方向拍，甚至可以進行比賽。

Part 3

遊戲

我們常說遊戲中學習，的確，小朋友最宜這樣
的學習模式，因在遊戲中學習，一邊玩一邊學，
最易令小朋友吸收知識。本章有多篇文章，
透過遊戲，教小朋友學習數學、STEAM、
學前寫字訓練等，十分具趣味性。

室內戶外玩

有利寶寶成長

專家顧問：沙鳳翎/教育中心創辦人、黃文儀/英國認證遊戲治療師

　　寶寶天生都愛玩，從玩中學，更可刺激他們的感官發展，尤其近年一直盛行的Messy Play，能讓寶寶盡情體驗自由玩的精萃。除了Messy Play，還有哪種自由玩耍方式，是最能配合幼兒的發展需要呢？本文由幼兒發展專家跟家長逐一剖析。

玩同學習一樣重要

很多家長認為「玩」和「學習」是互斥的，但有許多研究顯示，孩子玩樂可以增進多方面的能力，如語言能力、社交能力、邏輯思維及身體協調等。而當家長與老師願意給孩子時間去玩，並且不干涉由孩子自己主導的遊戲，這也是一個讓他們學習的機會。以下，專家會講解遊玩對幼兒的重要性，以及遊戲應該怎麼設計。

幼兒玩耍有幾重要？

遊戲本身的意義比它所帶來的結果更為重要，教育中心創辦人沙鳳翎表示，小朋友在遊戲中可透過自由探索，從中提升認知能力、邏輯思維，以及解難能力。在沒有規限下，小朋友更能將想像力盡情釋放出來，如想像不同顏色的積木是不同菜式、玩具火車正在看不見的軌道上奔馳。在小朋友踏入3歲後，他們更會喜歡和其他小朋友一起玩些合作性遊戲，有助培養他們的語言溝通能力和社交技巧，可見自由玩對幼兒的好處多多。

增加生活體驗

嬰幼兒大部份的知識，都是靠模仿身旁的人而得到。因此，孩子的第一位「玩伴」，便是孩子的父母。嬰兒自出生起便對人產生自然的興趣，這不只是生理上的基本需求，更是學習語言、動作、情感表達的最初對象，建立親密的關係，能令孩子對人產生互相信任。沙鳳翎表示，遊戲能夠養成孩子良好的學習態度、獨立自主與專注。每個孩子在玩遊戲的時候，他們必須全力以赴、全神貫注才能夠達到玩遊戲的目的，孩子在玩遊戲時有輸贏、有計算、有失敗、有快慢，這些都能幫助他們認識自我和學習與他人相處的機會。

家長應給予足夠空間

為小朋友選擇玩耍的地方或準備玩具時，沙鳳翎表示最重要的原則就是要以孩子的角度出發，選擇他們適齡及感興趣的設施或玩具，他們自然會玩得開心。在安全情況下，家長應完全放手讓小朋友玩，也不要限制玩法。有時候，小朋友會不斷重複玩同一個玩具或設施，是代表他們在進深技巧，家長可讓他們自由

發揮，盡量不要干預。另外，小朋友也很喜歡家長陪伴他們一起玩，但家長謹記要享受投入，可以想像自己變回一個小朋友，這對家長來說，也是十分放鬆的時光。

玩耍3大注意事項

❶ 安全至上

遊戲時使用物料的安全和質素十分重要，家長可留意物料是否耐用及不易損耗，避免產生危險。另外，遊戲中的化學物質有機會令孩子產生敏感情況，故使用天然材料，如木材及天然染料製造的玩具，會較安心。

❷ 多元玩法

家長應選擇具有多於一種玩法的玩具，讓孩子能在操作過程中，不斷發現驚喜，吸引小朋友自己去創造玩法。相反，遊戲太單一會削弱小朋友的好奇心。在小朋友玩耍過程中，家長要給予他們思考和探索的空間，放手讓他們探索。

❸ 考慮幼兒需要

家長宜按孩子不同發展階段選擇遊戲，如0至1歲幼兒適合一些刺激視覺發展的遊戲；1歲以上則可以多玩一些鍛煉小肌肉的遊戲；2歲可玩培養判斷力和空間感的遊戲；而踏入3歲則可多玩鍛煉解難和邏輯思維的遊戲，這樣有助培養小朋友的多元發展。

遊戲設計 以幼兒為本

其實家長只要懂得善用一些簡單的物品，已經可以讓孩子玩得很開心，更可從中訓練他們各方面的能力。針對幼兒不同方面的發展，再設定目標，家長可讓家中外傭陪伴孩子玩耍。沙鳳翎建議0至1歲的幼兒，以訓練身體協調和大肌肉活動為主；2歲幼兒已經懂得走路及用語言來溝通，遊戲可以有多樣化，而且他們開始要為執筆寫字做準備，可以多訓練他們的小手肌及手眼協調。

室內玩親子遊戲關係Up

爸媽平日工作時間繁重，親子時間更為珍貴，以下，由遊戲治療師黃文儀推介4款遊戲，透過於家中與子女進行親子遊戲，過程除了可讓孩子學懂與人合作之外，父母亦可逐步掌握協助子女的方法，親子關係亦更趨密切融洽。

室內遊戲❶：**Messy Play**（適合6個月以上）

　　Messy Play是一種小朋友想怎樣玩，便怎樣玩的遊戲，沒有特定玩法和遊戲規則，強調由小朋友作主導。遊戲主要是以不同質感且生活化的物料，如幼沙、海綿、顏料等，去刺激幼兒的感官發展，讓他們自行去探索、玩樂，從而啟發潛能。Messy Play好處有不少，尤其可引起小朋友的好奇心，特別是年幼的孩子，因為世界上每件事物對他們來說都十分新鮮，讓他們主動去探索，有利他們的認知發展，從中了解自己和認識外界。

家長可將不同形狀和顏色的通心粉，倒進一個膠箱或膠盆內，其深度如鞋盒般高即可。

小朋友可用手來捉摸通心粉。

家長可讓孩子用不同器皿，如杯、匙羹等，來盛載通心粉。

透過不同形狀和顏色的通心粉，小朋友從中可學習形狀和顏色。

小貼士

小朋友透過使用不同工具，能夠為其帶來多種不同的感官感覺。運用通心粉是一種簡易版的Messy Play，當孩子大點時，可以使用剃鬚膏或泡泡。

室內遊戲 ❷：**情緒樽**（適合4至6歲以上）

　　小孩子哭鬧常被父母看作是「扭計」，因而忽略了孩子表達情緒的需要，尤其是表達負面情緒的機會。但是，基於孩子有限的知識和詞彙，他們惟有用這些原始的方式去表達情緒；加上未懂得如何控制自身情緒，難以抒發，情緒受到困擾。這個時候情緒樽可以協助小朋友紓緩情緒，平靜心情。

家長可預備一個盛了米的膠樽，以及數種顏色。

小朋友可以任意搖晃，以發洩情緒。

不同顏色代表不同情緒，如紅色是憤怒、黃色是開心，讓小朋友揀選最能代表當下情緒的顏色，擠進樽內，並加入少量水。

小貼士

情緒樽中可放入不同物料，如米、膠吸管、豆及閃粉等一些孩子喜愛的物料，小朋友大多會被流動物料和顏色所吸引着，就算發脾氣中的小朋友都會立刻冷靜下來，甚至忘記扭計原因。透過製作情緒樽，父母能夠從中了解小朋友內心世界，以及情感。另外，小朋友亦能夠認識情緒，即使無法用言語來表達，但亦能夠透過不同的顏色和物品來表現。

室內遊戲 ❸：**社交遊戲**（適合3至4歲以上）

　　角色扮演遊戲要求孩子在玩具輔助下創造玩法和樂趣，這種遊戲方法給予孩子啟發思維和性格培養等各方面的得益，也是其他遊戲方式所不能比擬的。角色扮演遊戲除了能給家庭帶來親子間的親密互動，增強相互之間的合作能力和信任以外，孩子還能學習到各種正規教育所不能賦予的重要技能，增強他們的想像力和溝通能力，對他們日後的生活非常重要。

遊戲3

家長可透過故事，讓小朋友進行扮演遊戲。

家長可使用不同類型的圖卡，讓孩子對每個角色的假裝扮演，都能帶動起他們的責任心和職業興趣。

小貼士

建議環境能與遊戲互相配合，同時為小朋友配置道具，令小朋友可以增加投入感。另外，無論是和一個真人，還是和想像中的角色一起玩耍，角色扮演都要求孩子思考其他人的要求和想法，在這過程中能讓孩子學習到同情心和同理心。模擬社會情景讓孩子清楚地了解到，自己身邊的成年人如何與其他人相處。

室內遊戲④：捉迷藏 (適合2至6歲以上)

　　捉迷藏是一種充分鍛煉孩子認知力和社交力的遊戲。當孩子懂得走路後，家長或照顧者可多跟他們玩追逐遊戲。通過隱藏和尋找，小朋友能提高視覺空間感，同時增加方向感，亦能幫助幼兒的身體平衡及大肌肉發展。

可以試試藏物遊戲，把某件玩具讓孩子藏在某個位置，並讓他們提出指示，讓爸媽去尋找物品，藉以促進溝通，也可訓練小朋友的記憶力，提升專注力和語言表達。

對於3歲以下幼兒，家長可降低難度，躲藏在較顯眼的地方，並發出聲音，引導他們找出父母的位置。

小貼士

對於4至6個月的寶寶來說，家長可先用手遮住自己的臉，再移開手掌，玩「Peekaboo」，這有助寶寶的「視覺感知」發展。當寶寶7至10個月開始懂得爬行時，媽媽可在他們的視線範圍內，躲在桌子或沙發後面，發出聲音引嬰兒來尋找自己。當孩子懂得行走時，便可以增加難度，玩「尋物遊戲」或可以在家玩捉迷藏。

戶外玩有利小朋友成長

　　大自然對孩子而言，其實是很好的學習環境，家長應該放下電子產品帶着孩子走出戶外，充分享受大自然的美麗與力量。提早讓孩子接觸大自然，能提早培養孩子對環境的敏感度，加強孩子的好奇程度，以下，由教育中心創辦人沙鳳翎推介4款遊戲，透過在戶外真實環境獲得不同的學習體驗，有利於小朋友成長。

戶外遊戲❶：老師話（適合2歲或以上）

　　當孩子開始步入幼稚園，會聽指令是一件非常重要的事。家長可以用遊戲和有趣的語言來令聆聽變得有趣，父母可考慮用「老師話」這個遊戲，來訓練孩子的聆聽能力和聽從指令。

家長扮演老師發出指令，由一個指令開始；如果孩子能夠跟從，便嘗試兩個指令，漸漸增加至7、8個指令。例如站立、拍三下手，再轉兩個圈。

小貼士
活動可以隨時隨地的進行，不局限在某個地方。家長可把這當成一個家庭比賽，然後在孩子不太聽話的時候，用「老師話」來吸引孩子注意力，從而慢慢糾正孩子不肯聆聽的壞習慣。

戶外遊戲❷：捉蟲蟲（適合4至6歲以上）

專注力是所有活動的基礎，只有專注力發展穩定，才能啟動人的學習行為，諸如閱讀、思考、觀察、記憶等程序。但幼兒的專注力尚在發展，不同年齡階段的孩子，其專注力維持時間均有不同。例如一般2至3歲的幼兒專注力只能維持約5分鐘；4至6歲幼兒可維持10至15分鐘左右。想提升專注力，家長可透過「捉蟲蟲」遊戲來訓練子女持續性專注力，同時也能訓練左右手的反應和協調能力。

家長用拇指和食指做成一個手圈，讓孩子將食指放入手圈中。然後找一篇長短合適的文章，每讀出某個字，例如「的」時，家長便用最快時間捉住孩子的食指，孩子也同時以最快的時間抽開手指。

小貼士
當漸進地增長讀文章的時間，開始時可以是1分鐘，慢慢延長至3分鐘，孩子的持續性聽覺專注力，也會隨之而不斷進步。

戶外遊戲 **3**：**捉尾巴** （適合4歲以上）

當幼兒越趨成長，可以開始進行一些較為高階的感統遊戲，便是訓練動作計劃能力。小朋友在遊戲中會為自己不同的動作作出計劃，若家長希望孩子在計劃動作時，動作能夠更精準和穩固。而「捉尾巴」遊戲可以練習快跑和躲閃的動作，提高幼兒身體的靈活性、協調性。

小貼士
家長可以局限幼兒在既定範圍內跑。遊戲亦可以小班形式進行，能提供幼兒社交的機會。

幼兒和家長可以各自在後腰繫上彩繩當尾巴。幼兒要想辦法捉住對方的尾巴，同時又要保護自己的尾巴，抓到對方尾巴者為勝。

戶外遊戲 **4**：**爬隧道** （適合2至6歲以上）

此活動要求小朋友爬行，而爬行對孩子的骨骼成長是很有好處，因在爬行時需要將頭頸抬起來，胸腹離開地面，並用四肢來支撐身體的重量，這就使得寶寶的胸、腰、腹、背及四肢的肌肉得到鍛煉，進而促進骨骼的生長發育。爬行可以提升孩子的核心肌力、上肢力量、肩膀穩定性、雙邊協調和重心轉移等技能，並對於精細運動和提高身體意識是有益的，同時亦可訓練靈活性。

小貼士
如果孩子不願意爬行，家長可以在隧道口放置一些食物，或利用一些會發出聲響的玩具，誘導幼兒爬出洞口。

家長可以到公園玩，或是可以利用一些隧道帳篷和咕𠱸墊子設置障礙遊戲，讓小朋友進行遊戲。

愉景灣大白灣沙灘

九龍灣公園　　　　　　　　　　　　　　　　　沙田交通安全公園

香港3大戶外遊樂場推介

其實香港還有很多有趣的親子活動地點，各有意想不到的遊戲設施，以下專家就為大家推介3大戶外遊樂好去處：

遊樂場1：九龍灣公園

位於九龍灣啟禮道18號的九龍灣公園，佔地共4.1公頃，園內設有多項遊樂設施，包括多攀爬架、鞦韆和滑梯等，適合一家大小作親子活動。而且更提供了一個單車公園場地，亦有單車可供租借，讓小朋友學習踩單車。

遊樂場2：愉景灣大白灣沙灘

愉景灣大白灣沙灘為全港獨有的沙灘遊樂場，適合家長帶小朋友去放電。玩沙是創造性的活動，有助發展幼兒的創意思維。在玩沙的過程中，在沙堆裏任意地掏洞、挖溝和建構，能夠盡情發揮想像力，對他們的感知及手部肌肉發展也有幫助。

遊樂場3：沙田交通安全公園

公園內有模擬香港真實道路環境的公園，包括兒童單車練習場、模擬道路、交通燈、路牌及模型天橋、戶外講解場地、兒童遊樂場、課室及戶外實習場地等，能從小培養小朋友的道路安全意識。

4類DIY遊戲
寶寶能力大提升

專家顧問：呂蔚昕/註冊職業治療師、陳嘉儀/香港公開大學幼兒學系導師

　　現代教育鼓勵孩子從遊戲中學習，因此家長和孩子玩遊戲，除可增進親子關係之外，也能幫助幼兒的成長和學習。其實很多適合幼兒玩的遊戲都是可以DIY，確實是所費無幾！本文專家教家長如何設計和DIY遊戲，讓孩子從愉快中學習。

1. 訓練大肌肉

對於0至1歲的幼兒來說，首先會發展他們的大肌肉，故家長在這段時間應集中訓練他們軀幹肌肉的穩定性。有見及此，註冊職業治療師呂蔚昕將分享3個針對大肌肉發展的活動，為小朋友在日後的所有動作發展，打好基本功。

大肌肉：能幫助日後運動

幼兒的大肌肉會比小肌肉較早發展，而大肌肉泛指能控制大動作的肌肉，例如走路、跳躍及爬行等，就是大動作，可讓他們開始接觸世界，了解空間感、力度及方向。幼兒多鍛煉大肌肉有不少好處，包括能幫助他們的骨骼及體能發展、有助控制體重、刺激腦部發育（與感覺統合相關）及抒發情緒等。幼兒亦能透過相關訓練增進與家長的溝通，間接提升社交能力。

遊戲 ❶ ：Tummy time!（適合0歲或以上）

玩法：將幼兒放在遊戲玩墊上，讓他們趴在地上，父母可在寶寶面前放些玩具，讓他們趴撐抬頭，或是吸引他們往前爬。或可以在寶寶面前放一塊大鏡，父母指着鏡子，指出寶寶不同身體部位，增加他們對身體的認知。

好處：此活動可讓幼兒嘗試練習趴撐抬頭，當他們嘗試着用力支撐自己的頭部，除可訓練寶寶的頸部、肩帶肌肉、上肢的肌肉之外，其實整個部份連到背部和腳部肌肉，都能夠訓練到，為寶寶日後各項能力發展奠定基礎。另外，當寶寶趴着的時候，他們可能會看到些玩具，或是想要去拿，這樣的過程可訓練他們的重心轉移能力。

爬隧道

咕呃障礙賽

遊戲 ② ： 爬隧道 （適合1歲或以上）

玩法： 父母可利用家中椅子和飯桌，建造一條隧道，隧道中間可放一些較大件，且方便手握的玩具，以吸引小朋友往前爬。之後，可運用一些較矮的椅子和飯桌，以增加難度。

好處： 此活動要求小朋友爬行，而爬行對孩子的骨骼成長是很有益處的，因為在爬行時，寶寶需將頭頸抬起來，胸腹離開地面，用四肢來支撐身體的重量，這使得寶寶的胸、腰、腹、背及四肢肌肉得到鍛煉，進而促進骨骼的生長發育，為以後站立和行走打下良好基礎。爬行可提升孩子的核心肌力、上肢力量、肩膀穩定性、雙邊協調和重心轉移等技能，並對於精細運動和提高身體意識是有益的，同時亦可訓練他們的身體靈活性。

遊戲 ③ ： 咕呃障礙賽 （適合2歲或以上）

玩法： 父母可先將咕呃排在地上成一行，尾端放些球或豆袋，之後讓幼兒轉2至3個圈，再行上咕呃，進行拋接活動。如怕孩子在自轉後跌倒，父母可在孩子自轉後，先扶穩他們才出發；或是在咕呃旁邊放些椅子，讓他們扶着行過咕呃。當孩子長大後，可利用不同軟硬的咕呃，以增加難度。

好處： 讓孩子自轉是希望訓練他們的前庭覺，而前庭覺是用作辨別身體的平衡力和穩定視線。另外，行咕呃能夠讓幼兒學習判斷自己與地面間的關係；加上咕呃較軟身，可藉此鍛煉肌肉力量與平衡力。

2. 提升自理能力

當小朋友成長到1至3歲，他們的小肌肉發展會較為明顯。當訓練小肌肉時，能讓孩子學會協調一些微細動作，如手指及手腕的控制能力，同時亦有利訓練他們的手眼協調能力。這些能力對於孩子學習自理是十分重要的，以下由註冊職業治療師呂蔚昕繼續介紹3款能訓練小手肌和手眼協調的遊戲。

小手肌：有效進行日常活動

雙手，是新生命領悟外面世界的重要橋樑，在嬰幼兒階段，無論透過自主或反射動作，他們都會靠雙手來探索世界、學習操作和觀察自己的動作和後果，累積經驗，循序漸進地發展出更精細的小肌肉控制能力，加強手部功能。而當小生命長大後，靈活的雙手能讓他們有效地進行日常的活動，如握筆、拿筷子、扣鈕子、畫畫、打繩結及做勞作等自理活動，而這些活動對學齡兒童日後的學習發展尤其重要。

手眼協調：達至「心到手到」

身體協調是指身體各部位能共同合作，在思考後，以達成所需要之身體活動。當中有賴腦部與身體各部位的聯繫，因此透過學習不同的身體活動，能激發腦袋運作，促進協調發展，進而提升活動技巧。一般兒童在日常生活中常接觸的活動，如穿衣、拋接皮球、走平衡木等，都需要良好的身體協調能力，包括雙手協調、手眼協調及手腳協調。良好的協調能力使幼兒活動時，能達至「眼到手到」、「心到手到」，更省力、省時，並有效地完成活動。

撿小物

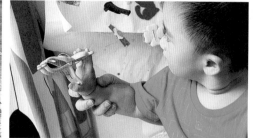
衣夾遊戲

運波子

遊戲 **1**：**撿小物** (適合7個月或以上)

玩法：先在家中選一個乾淨、雜物較少的玩樂範圍，或可把寶寶放進沖涼盆中，將一盒彩色波子或積木，撒在玩樂範圍或沖涼盆內，要求孩子將這些小東西逐一撿起來，放進一個小盒裏。

好處：由於這階段的幼兒只懂得「拾」這個動作，故活動可訓練兩手協調及手指靈活度，以及訓練手眼協調。而寶寶也可運用雙眼搜尋散落四周的小物，有助鍛鍊他們的視覺感知及眼睛追視。

遊戲 **2**：**衣夾遊戲** (適合1歲或以上)

玩法：運用不同顏色的衣夾，讓孩子將這些夾子夾在父母的衣服上，或要求他們跟從父母所要的顏色，將有相同顏色的衣夾拔下。但在選擇衣夾時，需留意衣夾不要太小，而且彈性亦宜較鬆，以方便小朋友使用。

好處：活動能協助訓練幼兒的小手肌及手部精細動作，並將指令、學術知識、生活常識等融入其中，讓小朋友寓學習於玩樂。同時透過親子互動，又可提升親子關係。

遊戲 **3**：**運波子** (適合2歲或以上)

玩法：開一盆水，於水上放一隻膠碟，然後讓小朋友把波子放在浮動的膠碟上。如小朋友已能純熟地運用手指運波子，那便可以升級，利用匙羹把波子舀起，再運送至膠碟上。

好處：小朋友在活動時透過舀波子的動作，協助訓練他們運用頭二指的能力和力度。另外，由於膠碟會隨着水而浮動，小朋友在把波子放在會浮動的膠碟時，需要一定的準繩度，過程能訓練手眼協調能力。

3. 學習認知能力

　　談到認知，通常會立即想到是有關知識方面的認知，像是顏色、形狀、數字等。但其實幼兒最需要受重視的，應該是生活層面的認知，而不只是知識層面的認知。孩子在每個年齡層所要學習的生活認知都不同，以下由大學幼兒學系導師陳嘉儀校長分享3個針對不同認知能力的活動，透過這些有趣的日常學習活動，可加強幼兒的認知能力。

從「玩」發展認知

　　認知能力的重要性已不僅是這個孩子有多聰明，所了解的知識有多少，而是如何將其能力善加運用，甚至活用於日常生活或人際互動中。0至2歲幼兒主要是利用感覺、運動來學習經驗，這階段的孩子藉由一次次的經驗累積，再歸納出自己的一套思考模式及學習方式。至於如何讓孩子在這兩個階段能好好發展呢？基本上，嬰幼兒是藉由遊戲，從「玩」中得到不同的學習經驗，而在生活周遭有許多物品，都可以成為孩子的玩具，如奶粉罐可變成敲打樂器等，只要爸媽能了解孩子不同階段的行為、了解他們的好惡，便可從旁給予最適當的協助。所以提供各種不同種類的遊戲，將有助孩子認知方面的發展。

視覺追蹤　　　　　　　　　　　Magic Box　　　　　　　比一比

遊戲 ❶：視覺追蹤（適合0歲或以上）

玩法：家長可移動手上的玩具，再配合聲音，吸引小朋友運用眼球去追蹤玩具。

好處：視覺追蹤是指眼球跟著物件移動的軌跡而有所移動，這個活動能夠訓練眼球肌肉，加強視覺追蹤及視覺專注的視覺感知能力。視覺追蹤對專注力及閱讀能力非常重要，如果視覺追蹤能力差，未能鎖定目標，就會收不到相關信息。當孩子的眼球有良好的發育，有助他們理解指令。

遊戲 ❷：Magic Box（適合1歲或以上）

玩法：家長可將不同的物品放進袋或紙巾盒裏，然後讓孩子在袋中抽出物品，並說出物品的正確名稱。或另一個玩法，就是由父母說出物品名稱，然後讓孩子從盒中抽出物品。

好處：這遊戲是透過觸摸不同物品時，除了能帶來觸感刺激，訓練孩子的觸感，同時也能夠訓練和提升小朋友的認知能力。

遊戲 ❸：比一比（適合2歲或以上）

玩法：家長可利用日常物品或玩具，例如準備約20顆積木，和兩個相同大小的透明容器，但兩邊積木數量差異必須相當明顯，如一邊約放15個，另一邊約放5個。或是可利用一大一小的氣球，氣球大小差異也必須明顯。

好處：由於接近3歲的孩子已能區辨多少、長短、大小、高矮及輕重等對比的概念，而對於「量」的概念，在此段時期亦開始逐漸建立。透過讓孩子認識生活周遭的物品，可令他們更輕易地建立「量」的概念。

4. 提升語言表達力

　　言為心聲，語言是一個人的思維表現，同時也是人們通過表達來增進了解、加深感情的途徑之一，因此語言表達對幼兒成長十分重要。但小朋友如何才能有良好的語言發展呢？以下繼續由陳嘉儀校長為大家講解怎樣將語言與遊遊結合，提升寶寶的語言表達能力。

互動交流 培養語言能力

　　語言是溝通、思想、學習和表達情緒的工具，除對孩子的認知能力發展非常重要之外，亦會影響孩子的情緒及社交能力發展。幼兒愛在語言中表達，表達他們的思想和感情。幼兒學習語言是從模仿中去學習，因此他們若要學懂用說話來表達自己的思想，必須藉由日常生活中的互動交流，培養語言能力。其實幼兒在出生後首3年，是學習語言最迅速的關鍵期，嬰幼兒可在一般互動的環境下，透過周遭環境的人或主要照顧者所使用的語言、別人說話的臉部表情，以及聲線等學習語言表達。嬰幼兒對聲音有反應，是早期學習的表現，也是語言學習的一種方式。所以家長可於日常生活與遊戲中，讓孩子多聽多講，就能幫助他們在語言學習方面有所得益。

發聲遊戲　　　　　　　講故事　　　　　　　吹呀吹

遊戲❶：發聲遊戲 （適合0歲或以上）

玩法：家長可以多用「BA」、「MA」的音調，再配合移動手上的玩具，吸引小朋友。或是可以用單一音調，哼一首兒歌。

好處：透過進行面對面的發聲遊戲，除有助小朋友作學習語言前的準備，更能通過發出不同聲調，讓他們可學習日後怎樣與人表達，或運用語言與人溝通。另外，也能夠讓幼兒知道人與人之間是可以有互動，建立與人溝通的基礎。

遊戲❷：講故事 （適合1歲或以上）

玩法：家長可利用一些有實物圖片的圖書，與幼兒一起說故事，因他們從1歲起便開始儲存詞彙，雖然未能說得出口，他們卻會認得那些從遊戲中所學習得的字詞。

好處：家長可按照幼兒的發展階段，為他們選擇合適圖書。初期建議可選擇一些能咬、擲、有聲音或不同質感的圖書，以刺激他們的感官，吸引他們探索書本。圖畫方面，可選擇以實物照片或者顏色對比較強烈的圖片，但不要選擇一些以卡通形式展示的圖書，以便幼兒能夠將詞彙與實物連繫起來。

遊戲❸：吹呀吹 （適合2歲或以上）

玩法：家長可透過讓幼兒運用哨子或羽毛，進行吹氣練習。家長也可要求孩子連續吹哨子數下，中間稍有停頓，來提升其呼吸協調能力。

好處：吹氣練習是一個很好的口肌訓練，而吹哨子或羽毛可鍛煉幼兒對呼氣和顎部的控制，以及運用嘴唇的力量。而適量的口部肌肉運動能有效改善小朋友的發音問題，令他們說話更口齒伶俐。

DIY自學遊戲 有甚麼注意？

父母親自設計遊戲，不僅代表他們對孩子的愛，並且是根據他們的想法與教育理念來創作，在與孩子一起玩時，較能明白該如何操作。爸媽可依寶寶的興趣和發展，為他們量身打造專屬遊戲。動手創作除可潛移默化影響寶寶，還能提升他們對創作的興趣，有不少好處，以下由陳嘉儀校長提醒大家在DIY自學遊戲時所需要注意的事項。

甚麼都可成為玩具

有時遊戲不一定要實際有一件實物玩具，陳嘉儀校長表示messy play也可以是一種很快樂的自製遊戲。感官發展是孩子成長發育過程中的重要關鍵，當中包括視覺、聽覺、嗅覺、味覺及觸覺的探索與發展。由於孩子的感官發展還在形成中，小朋友對於周邊的事物充滿好奇心，甚麼都想觸摸，這階段的幼兒的學習方式，主要是透過感官體驗，他們可透過messy play，用身體不同部位感受其所帶來的刺激。而素材選用可來自日常生活中可運用和食用的物料，如可放入口的意粉、麥皮、米、麵粉等；而平日常用用品如剃鬚膏、泡泡、顏料、沙、紙皮、水珠、樹葉及水

等，家長也可任由孩子使用不同材料，給予他們感官上的刺激，鼓勵小朋友自由地發揮創意，可以沒有特定的玩法。

如何挑選教具？

爸媽在為幼兒自製遊戲教具時，陳嘉儀校長建議一方面需考量趣味性和幼兒的興趣，另一方面應注意教具的顏色，顏色應偏向鮮明，因為1歲前幼兒的視力約在0.2至0.3厘米左右，故顏色鮮明或黑白更適合這階段的幼兒，同時又能為他們帶來視覺上的刺激。另外，陳校長表示更重要的是安全上的考量，無論是材料質地選用，或是配件大小是否符合世界衛生組織在安全玩具的規範，家長也需注意配件與裝飾物是否牢固，避免脫線、脫落等，造成幼兒誤食或纏繞。

親子互動最重要

每個孩子都是天生的玩家，每天最重要任務就是玩。遊戲能培養孩子在愛、安全感、自信與熱情等的正向能力，而父母在孩子玩的過程中，亦扮演很關鍵的重要角色。現在社會許多父母每天都忙於工作，有時間只想好好休息，卻沒有時間陪伴孩子玩耍或溝通，總覺得陪伴孩子需要花上許多時間，導致家人關係變得緊張。但陳校長卻表示與孩子玩樂不一定需要花很多時間，最重要的是與孩子相處時的質素，以及父母的投入程度。親子共玩可提高親子互動，除了對促進孩子的成長有良好幫助之外，同時也能拉近親子之間的距離，並有助於建立親子關係。

開拓想像空間

自製遊戲講求創意，益智好玩的玩具，其實不一定要大花金錢，某些日常的家居用品，如廁紙盒、匙羹及雪條棒等，都可以成為自製遊戲的玩具。再者，小朋友在入學前都滿有好奇心，故遊戲不應規限小朋友的想像。2至3歲的小朋友已經充滿想像力，尤其是在他們玩耍時更顯而易見，譬如他們會想像不同顏色的積木是不同菜式、會想像玩具火車正在看不見的軌道上奔馳，平時在別人的規限下，這些想像都是無法釋放出來的。因此，當幼兒看到原來一些日常家居用品可能有別的用途時，便會讓他們知道不同事情不只有一個方法來解決，可幫助他們開拓想像空間，協助他們懂得作多方面的思考。

10個學寫前
訓練遊戲

專家顧問：陳珮鏗/註冊社工

　　很多家長誤以為讓孩子盡早學習寫字，便能夠贏在起跑線，快人一步，理想達到。殊不知在孩子小手肌尚未發展成熟，便要求他們開始學習寫字，只會事倍功半，帶來惡果，影響孩子小手發育。孩子發展有既定進程，家長應該依據其發展階段給予適合的培訓。本文由專家為大家提供10個寫字訓練遊戲，先強化孩子小手肌肉，當他們正式學習寫字時，手部便有力握筆了。

太早寫字增加挫折感

註冊社工陳珮鏗表示，4歲的孩子手部肌肉及手眼協調能力已經發展至一定水平，最適合在此時開始學習寫字。於日常生活中許多事情都可以幫助孩子鍛煉小肌肉，有助寫字更有力。家長千萬別限制孩子進行探索，探索能夠帶給他們不同的刺激，幫助成長。

4歲適合寫字

陳珮鏗姑娘表示，一般來說，孩子大約4歲可以開始學寫簡單的字，因為4歲孩子的手部肌肉力量、手眼協調以及空間感知能力已達到一定水平，但亦要視乎個別其大、小肌肉及手眼協調發展進度，當中有先有後、有快有慢，故此於4至6歲開始寫字都是合適的。

增加挫敗感

陳姑娘指出，幼兒的小手肌尚未發展成熟，未有足夠的力量配合握筆，有機會導致握筆姿勢錯誤並影響書寫能力。錯誤的握筆姿勢容易讓力度分佈不均，讓孩子過於費力、容易疲累，孩子寫字速度也變得緩慢，當遇上較難的字體，有機會令他們感到挫敗，影響學習動機。

日常生活多鍛煉

日常生活中很多事情都牽涉小肌肉，例如進食、穿衣服、穿鞋襪等自理項目。家長不妨嘗試協助孩子學習相關動作，動作拆分越仔細越好，這樣做，一方面可以使孩子更容易完成目標動作，另一方面使小肌肉得到更加充分的鍛煉。所以，家長應該多放手，在安全的情形下鼓勵孩子探索，這樣會有助他們建立信心及能力感。

安排適當活動

1歲以後手部肌肉越來越靈活，能善用小手完成許多工作，孩子喜歡探索不同的物件，例如從父母的錢包拿出不同東西，家長切勿一律禁止此類探索行為，主動式探索是孩子鍛煉小肌肉的最好機會。

至於家長可以為孩子安排適當活動，例如用粗蠟筆塗鴉、玩泥膠、摺紙，甚至親子下廚製作簡單食品，以上活動過程中都牽涉大量小肌肉運動。

足夠探索機會

　　家長應避免過早讓孩子執筆寫字，在孩子的能力未準備好的情況下，過量的訓練只會是揠苗助長，影響肌肉發展進程之餘，也會造成孩子心理上的負擔，更重要的是避免阻止孩子探索，不少家長會用圍欄限制孩子的活動範圍或禁止他們玩弄家中物品，以上舉動或出於安全考慮，或出於「紀律訓練」，有時候是可以理解的，但家長必須平衡利弊，宜給予孩子足夠的探索機會。

小肌肉發展進程

年齡：0-1歲
- 能夠主動用手觸摸物件
- 能夠使用掌心抓握物件

年齡：1-2歲
- 能夠每次翻兩至三頁書
- 能夠用食指按動按鈕
- 能夠疊起約四塊積木

年齡：2-3歲
- 能夠使用拇指和食指逐頁翻書
- 能夠扭瓶蓋
- 能夠用繩子穿珠
- 能夠畫直線及橫線
- 能夠搓、擠、壓、拉泥膠

年齡：3-4歲
- 能夠用剪刀剪斷紙條
- 能夠畫十字和三角
- 能夠扭動發條玩具
- 能夠把泥膠搓成直徑約一吋的小球
- 能夠使用膠水

訓練遊戲❶：**印章畫畫**（適合2歲或以上）

　　小朋友很喜歡購買公仔印章在紙上蓋來蓋去，看到蓋上不同顏色的公仔，感覺很是有趣。原來給孩子印印章可以鍛煉小手肌，家長不妨給孩子多試試。

工具：不同形狀的印章、印台、畫紙

❶

家長先在畫紙上畫一條蛇，並在蛇身上畫不同形狀。

❷

請孩子挑選一個喜歡的印章，然後用前三指拿着它，並在印台上吸一些墨汁。

❸

孩子依據家長的指示，把印章在指定圖案內蓋上圖案，慢慢在整條蛇上蓋滿圖案。

訓練目的
- 提升手眼協調力； • 加強操控物品的能力。

注意事項
可以調整蓋印章的空間及形狀，藉以提升難度。

訓練遊戲❷：**穿穿頸鏈**（適合2歲或以上）

　　很多女孩子小時候都會用些小珠子來穿頸鏈，戴上自己的製成品份外覺得漂亮。這遊戲就是與孩子穿頸鏈，但並不是用珠子，而是用粗幼不同的飲管代替。

工具：不同顏色、不同粗幼的飲管、一條長繩子

❶

先把飲管剪成不同長度的小段。

❷

孩子先將較粗的飲管段穿入繩子。

❸

最後可以穿入較幼的飲管段。

訓練目的
- 能夠加強孩子的手眼協調能力。

注意事項
可以用不同粗幼及不同顏色的飲管進行遊戲，增加難度。

訓練遊戲❸：疊杯比賽 （適合2歲或以上）

　　利用杯子可以進行許多不同的遊戲，其中最常玩的遊戲，就是把杯子疊起來，疊成一座高高的杯子山。今次的遊戲與疊杯子有關，但會加入一個新元素，令遊戲更有趣。

工具：紙杯、紙張

❶ 家長先準備一些紙杯，並請孩子把紙張搓球成紙球。

❷ 請孩子依個人喜好把杯子以不同的方式疊起來，成為杯子山。

❸ 把杯子山稍為推開些，保持一定距離，請孩子用手指彈出紙球，碰撞紙杯，將它們擊倒。

訓練目的
- 能夠加強孩子前二指的運用；
- 能加強他們前二指的操作力度。

注意事項
幼兒可能初次未懂得運用前二指來彈紙球，家長可以給予示範。

訓練遊戲❹：雪條棒運球 （適合2歲或以上）

　　除了可以用雪條棒來砌不同模型外，其實雪條棒還可以化身成曲棍球棒，把毛毛球推送入紙杯內，考考孩子的眼力。

工具：大小不同的毛毛球、紙杯、雪條棒

❶ 家長準備兩支不同顏色的雪條棒，一個紙杯及一些大小不同的毛毛球。

❷ 請孩子於時限內將桌上的毛毛球推送入紙杯內，可以先推送大毛毛球。

❸ 最後推送細毛毛球，能夠以最短時間把所有毛毛球推送入紙杯的，便為之勝出。

161

訓練遊戲❺：唧唧管（適合2歲或以上）

　　大家讀書時做實驗，總會接觸過唧滴管，利用滴管把化學液體吸入進行實驗，相當有趣。今次利用滴管玩遊戲，將不同顏色混合。

工具：滴管、顏色、器皿

❶

先將顏色用水開稀，成為多杯不同顏色的水。

❷

孩子先將滴管放入其中一杯顏色水內，吸取當中的顏色，然後將顏色水注入器皿內。

❸

之後，再用滴管吸取另一種顏色，然後注入相同的器皿內。將顏色水調勻，看看會變成甚麼顏色。

訓練目的
- 能夠加強孩子前三指的運用；　　• 能提高他們前三指操作的力度。

注意事項
當孩子熟習後，家長可以限制他們滴顏色水的份量來增加難度。

訓練遊戲**6**：**撕紙八爪魚** （適合3歲或以上）

八爪魚是相當特別的海洋生物，牠有許多爪，爪上有吸盤，在許多與海洋有關的卡通片都有其蹤影，今次遊戲便與大家齊齊製造八爪魚。

工具：紙杯、手工紙、顏色筆、膠水

❶ 在手工紙上撕出數條粗幼相若的長紙條，並用筆將它們捲曲。

❷ 將手工紙隨意撕碎，然後把它們逐一貼在紙杯上，貼滿整個紙杯。

❸ 將長紙條逐一貼在杯子內，成為八爪魚的爪，並為它畫上五官。

訓練目的
- 能夠加強孩子前二指的運用；
- 能提升前二指操作的力度。

注意事項
可以用不同顏色的手工紙來做八爪魚的爪，令其更加有趣。

訓練遊戲**7**：**衣夾排排隊** （適合3歲或以上）

相信孩子都見過媽咪晾衫，把一件又一件衣物用衣夾夾好，便不怕它們掉下來。原來衣夾是好好訓練孩子小手肌的工具，對加強前二指訓練很有幫助。

工具：衣夾、剪刀、布料、繩子、水樽

❶ 在布料上剪出多件細小的衣物，並把繩子的兩端分別綁在兩個水樽上。

❷ 將水樽放好，使中間的繩子能夠拉直。

❸ 把小衣物逐一利用衣夾夾在繩子上，然後將它們逐一除下。

訓練目的
- 能夠加強孩子前二指的運用；
- 能加強前二指的操作力度。

注意事項
家長應提供具適當彈簧阻力的衣夾，才能鍛煉孩子的前二指。

訓練遊戲 **8**：**尋寶遊戲**（適合3歲或以上）

　　尋寶遊戲對孩子來說的確非常吸引，既緊張又刺激，緊張的是不知道最後尋獲甚麼寶藏。今次這個尋寶遊戲主要考孩子的觸感，看看他們能否猜得中。

工具：索繩袋、數件玩具

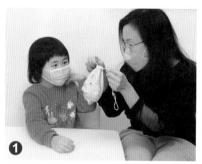

❶ 家長先將玩具收入索繩袋內，並將袋口索緊。

❷ 請孩子合上眼睛，然後伸手進袋內，觸摸其中一件玩具。

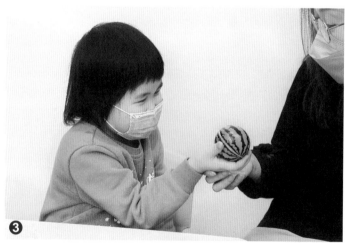

❸ 孩子猜猜自己所觸摸的是哪件玩具，告訴家長答案，正確的話便取出玩具，然後繼續猜猜其餘的玩具。

訓練目的
- 能夠提升孩子手指操作技巧；
- 能增加感知動作經驗。

注意事項
遊戲之初可以選擇形狀較為不同的玩具，當孩子純熟後，可以給他們猜些形狀較相像的玩具。

164

訓練遊戲**9**：**手指套圈圈**（適合3歲或以上）

女孩子總喜歡購買五顏六色的髮圈來束辮子，非常可愛。今次這遊戲與五顏六色的髮圈有關，把髮圈套在手指上，可以鍛煉手指操作技巧。

工具：五顏六色的髮圈

❶ 家長先伸出其中一隻手掌，並準備髮圈。

❷ 家長指示孩子把不同顏色的髮圈套在指定的手指上。

❸ 家長展示套上髮圈的手掌給孩子參考，請他把相同顏色及數量的髮圈，套在自己手指相同的位置上。

訓練目的
- 能夠提升手指操作技巧；
- 孩子可以學習聽取指令。

注意事項
遊戲之初所套的髮圈數量可以較少，當孩子純熟後，可以使用較多及不同顏色的髮圈。

訓練遊戲**10**：**拯救任務**（適合3歲或以上）

今次這遊戲非常有趣，有一群小動物被壞人捉走了，把牠們逐一綁起來，孩子要化身小英雄去拯救牠們，幫助牠們逃出壞人的巢穴。

工具：動物玩具、顏色膠紙

❶ 家長向孩子展示不同的動物玩具，以及不同顏色的膠紙。

❷ 家長把動物玩具逐一用膠紙貼在桌上。

❸ 請孩子逐一為動物撕去身上的膠紙，把它們拯救出來。

訓練目的
- 能夠加強孩子前二指的運用；
- 加強前二指操作的力度。

注意事項
遊戲之初別把膠紙貼得太牢，之後可以增加難度，在動物身上貼多些膠紙。

玩遊戲
培養寶寶數感

專家顧問：張森烱/香港教育大學幼兒教育學系助理教授、洪進華/香港浸會大學教育學系高級講師

　　除語言發展之外，孩子的數學能力也很重要。其實幼兒學數學，不用從艱深的數字開始，家長可藉着一些輕鬆簡單的數學遊戲，從生活入手，提升孩子對數學的興趣，培養數感。本文由幼教及數學專家為家長分析寶寶的數感發展，以及如何配合遊戲、活動和學習工具，培養幼兒的數感。

0~1歲：意識數字變化

1~2歲：有形狀概念

寶寶數感發展時間表

孩子的數感到底有何發展進程，他們最先有的數感概念是甚麼？他們對不同的數學概念是何時開始產生？以下請來教大幼兒教育學系助理教授張森烔博士為家長作出分析，但張博士提醒家長，以下分類及各個階段只是就普遍孩子的發展而言，並不代表所有孩子都是如此，若孩子有所差異，家長亦不用過份緊張。

0~1歲：意識數字變化

張博士表示，寶寶約5至6個月便已開始對數字變化有一定認知。有研究顯示，當眼前有兩組數目不同，在看見數字上有變化的物件時，此年齡階段的幼兒已有一定的數字概念，可以意識到不同。

1~2歲：有形狀概念

寶寶約1歲已可初步進行大小及形狀分類，並可完成簡單的形狀配對遊戲。

2~3歲：懂得大小順序

3~4歲：學會1至10

4~5歲：辨認複雜形狀

5~6歲：懂得簡單加減法

2~3歲：懂得大小順序

此階段的寶寶，除可配對不同形狀、大小之外，幼兒亦開始有數目概念，並可應付顏色配對，以及大小排序，相關的玩具遊戲，皆已可以應付。

3~4歲：學會1至10

寶寶約踏入3至4歲，會對數目概念有更好的認識，並已學會背誦1至10的數字次序，但找出物件數量的能力會較低。但普通的空間感、先後次序、大小長短等概念都已有。

4~5歲：辨認複雜形狀

4至5歲的寶寶可背的數字可增加至20，物件大多可數至10以內。同時他們已可辨認較複雜的形狀，不只可準確地說出該形狀的名稱，更可從複雜的生活用品中，辨認出不同形狀。

5~6歲：懂得簡單加減法

此階段的寶寶已可數出20個物件，也有數量概念，同時可利用數手指等方法，進行簡單加減法。他們開始明白1個及半個的概念，也對數字字符中較複雜的符號、排位及總數等概念有所認知。

0~3歲寶寶 覺察數字變化

針對0至3歲的幼兒，他們的數感發展已發展至甚麼階段？有甚麼活動可培養他們的數感？以及家長在培育寶寶的不同數學概念時，有甚麼需要注意？以下繼續由張森烱博士為我們分析。

發展階段：形狀及大小分類

張森烱博士表示，幼兒從5至6個月已開始有少許的數字概念，他們會對數字的變化有所察覺。而1歲左右的孩子對形狀及大小分類開始有少許意識，明白各種形狀的不同。從2歲開始，孩子更可配對不同顏色的物件，並開始有少許數量多寡的概念，可察覺數量上的分別。同時在面對一些大小排序的遊戲時，他們只要肯多嘗試幾次，便可成功。

教養小貼士：不限制特定活動

在培養寶寶數感時，張博士建議家長可從以下2個方向入手，只要可融入以下的小貼士，不必限制於特定活動中，也可讓小朋友於不知不覺間，學會更多與數學相關的概念：

❶ **從日常中學習**：於日常生活流程中學習，可令孩子更易吸收相關概念。父母與孩子聊天的技巧相當重要，他們需在當中加入數字詞彙，令孩子可留意到生活中有關數字的一切。

❷ **遊戲中融入**：於遊戲過程中融入數字概念，可讓孩子於投入遊戲時，潛移默化地學會相關概念。

2大數感遊戲

於日常生活中，有許多大大小小不同的素材，可供小朋友學習，並培養他們的數感。以下由張博士為家長介紹2個適合0至3歲幼兒的親子數學活動：

親子活動❶：家務中學習

做法：購物、做家務、食飯時，於對話中加入數字概念。

培養：數量概念、空間感

重點：張博士表示，在日常生活中的不同事情，都可融入數學。家長在購物時，可讓孩子幫忙計算數量；家中開飯時，還可讓孩子幫忙為家人分發指定數量的食物及碗筷；做家務時，可讓孩子自行配對一雙雙的襪子。以上這些活動在尋找物件的位置時，更可培養孩子的空間感，家長可告訴孩子目標物件的方位，包括上下左右。

親子活動❷：歌唱排列遊戲

做法：在歌唱中加入不同的數字遊戲，或是在日常中，讓孩子找出形狀。

培養：形狀概念、方向感、空間感及數字排列

重點：父母可在簡單遊戲中，加入數學元素。購物時，讓孩子找出常見物品中包含的形狀；在唱歌時也可加入遊戲元素，利用不同節奏及規則，讓孩子記下不同的排列方式；可以在玩積木玩具時，讓寶寶砌成不同形狀；家長還可與孩子玩「小明」此經典遊戲，在「上下左右」過程中，訓練他們的方向感及空間感。

3~4歲寶寶 數數能力未完整

約3歲的孩子，大部份都已就讀K1，許多小朋友都已具備基本的唱數能力，不過在數數及找出總數的能力方面，可能仍需要有不少訓練，以下由浸大教育學系高級講師洪進華為我們分析此階段的寶寶數感發展。

發展階段：唱數、數數

3歲孩子剛踏入K1，大部份都已有唱數的能力，不過尚未發展出完整的數數能力。洪進華表示，因這階段寶寶的自我管理能力尚未成熟，沒法有規律地每唱一下便數一下，把唱數歌詞與數數動作對應。快要踏入4歲的階段，不少孩子都已嘗試過數數，但由於他們還未建立數量的概念，不知道數數時的最後一個數字便代表總數，因此大部份幼兒在數數後，都無法正確回答總共有多少個總數的問題。

教養小貼士：從概念入手

部份家長不明白為何孩子明明會數數，卻不能正確回答總數，洪進華表示家長要明白這背後包含了多個數學概念，要先讓孩子逐一學會最後的步驟才可成功。因此若孩子無法完成，家長可從以下3個概念入手，對孩子進行教學：

❶ **唱數能力**：是否可透過唱歌，背誦數字的次序。
❷ **一一對應協調能力**：是否可在唱數的同時，有規律地點數物件。
❸ **數量概念**：明白在點數過程中，最後唱出的數字，是表示這組物件的數量。

2大數感遊戲

骰子是訓練孩子的數感及數學概念的好幫手，以下由洪進華介紹適合3至4歲孩子的親子數感活動：

親子活動❶：骰子圈點遊戲

做法：利用下圖，和孩子輪流擲骰子，需要按骰子點數，把擲到的接連圓點數量圈起；當圈起所有圓點後，可以取得放在中間的禮物。

培養：數量概念、感數能力

重點：感數能力對明白數量概念相當重要，即讓孩子於看到一定數量的物件後，可以立刻感知到數量，不必再逐一數出，對他們將來學習加減法等更進階的數學有所幫助。而骰子是很好的訓練感數能力工具，按骰子點數圈上同樣數量的圓點，也可訓練孩子在這方面的能力，中間的禮物可以是孩子喜歡的任何物件。

親子活動❷：數字拼圖遊戲

做法：利用紙或是卡紙製成拼圖，把一個圖案切開，上面有1至10的順序，讓孩子順序把其拼回，也可要求孩子倒過來從10開始拼回。

培養：一一對應技巧、唱數技巧、加減法涉及的數數能力

重點：此遊戲有多種玩法，父母可利用孩子喜愛的圖案吸引他們。在拼圖過程中，孩子需要於腦中唱數，並把圖片的數字一一對應；如要求他們以倒數方式拼回，則可訓練減法的數數技巧。拼圖遊戲還有進階玩法，把數字換成偶數，讓孩子唱數的過程變為「2、4、6……」的方式，對將來孩子學習幾個一數有所幫助。

4~6歲寶寶　加減公式概念

　　寶寶約在4歲開始，已開始為學習加減法等作出準備，接續數數及幾個一數等技巧，都有助他們將來的數學發展。那麼5歲的寶寶又會發展至哪個階段？以下繼續由洪進華為我們作詳細解釋。

發展階段：接續數數、加減法

　　踏入K2的4歲寶寶，許多已有5以內的感數能力，更開始學習接續數數及幾個一數，前者是指不從1開始數數，後者指的是每2、5或10個一數的數數技巧，對他們將來處理加法及銜接至小學的乘法都有莫大幫助。而5歲就讀K3的幼兒則開始學習加減法的處理，並已可熟練地數出20內的數和量，同時可慢慢學習以數式概念表達運算，背後要求相當穩固的感數及數數技巧。

教養小貼士：自製教材針對問題

　　洪進華表示，家長與孩子進行數感培養遊戲時，親子互動相當重要，不但可增加孩子的投入程度，父母更可觀察他們的問題，同時可根據活動背後的訓練目的，而作出適當引導。此外，家長可根據孩子程度而改變遊戲的玩法，增加或減少遊戲的難度。洪進華表示許多家長希望以現成教材培育孩子，但他認為家長可試着為孩子度身訂造最適合他們的遊戲。自製教材可自由發揮加上孩子喜歡的元素，亦可針對家長想要培育的數學概念學習，更能針對問題。

2大數感遊戲

數感遊戲可針對孩子不同的階段而作出難度調整，單單是骰子的運用已有多種變化，以下由洪進華為家長介紹更進階的骰子數感遊戲：

親子活動❶：骰子雙加遊戲

做法：於長形紙皮或木條上，寫上從2至12的數字，左右兩邊放上不同顏色的物件，輪流擲兩顆骰子，將總數加起後可取走對方對應數字的物件，全數取走者獲勝。

培養：感數能力、接續數數及加減法能力

重點：利用兩粒骰子進行遊戲，父母應於擲骰後，先行以手指按着其中一粒骰的數字，讓孩子利用自己的感數能力感知骰子的點數，再進行接續數數，數完第二粒骰子的點數。而兩粒骰子的組合，可讓孩子進行大量10以內加法的練習。就讀K3的孩子於玩樂過程中，可加上寫出公式的過程，以加強他們數式表達的能力。

親子活動❷：數字達標比賽

做法：準備一張白紙，於左右兩邊寫上孩子及媽媽的名字，輪流擲1顆骰子。可選擇繼續擲累加點數，如擲中「1」當輪的點數全數作廢，並必須將骰子交給對方繼續；如將選擇不繼續擲骰，可取得所累加點數，對方繼續擲骰，最快累積至30者獲勝。

培養：加減法能力、接續數數

重點：此遊戲較適合K3以上的孩子，當中涉及不少較為複雜的進位加法及減法。孩子需要把每輪的數字以接續數數累積，而非從1開始的數數。家長亦可增加遊戲的難度，讓總數增至100。如希望訓練孩子的減法技巧，可以最快倒數至0的方式進行。緊張刺激的遊戲，可讓孩子更加投入。

174

數感教材遊戲中學習

　　除了自製教材之外，張森烱博士建議家長可在坊間搜尋有用的教材，並於學習時，根據孩子的年齡大小、程度及需要，以調整教材的難度。以下6款教材為張博士推薦的教材類型，以供家長作參考。

手握拼圖：訓練空間感　$179

玩法： 拼圖中有不同形狀，孩子需要依據拼圖的方向去完成，可訓練他們的空間感。家長可以引導方式，讓孩子注意各種形狀的細微差別。

名稱： GOULA手握拼圖——浴室

大小排序環：訓練大小排序概念　$116

玩法： 此遊戲可訓練孩子對大小排序的概念，父母可讓他們自行嘗試並找出正確排序。其間可讓孩子多觸摸玩具，以接觸的時間長度，去了解大小的不同。

名稱： Wonderworld天然色彩疊疊樂

疊高高：學次序及空間感　$179

玩法： 不一定為積木，只要是可讓孩子疊高的物件都可以，父母可引導孩子根據不同特徵順序疊高。此教材可訓練孩子對次序的敏感度，以及空間感。

名稱： Wonderworld ABC字母積木

形狀配對盒：訓練形狀概念　$299

玩法： 配對盒有多面和不同形狀的積木，部份更附有不同大小，但形狀相近的積木，可訓練孩子對大小、形狀及數字的概念。

名稱： GOULA幾何配對農莊屋

數學桌遊：增加數字及顏色概念　$459

玩法： 各式各樣的數學桌遊，可訓練孩子對數字及顏色的概念，讓孩子於遊戲過程中學習。此外，日常生活中同樣有不少事物，可作為教材。

名稱： GOULA數字學習遊戲連木盒

數學主題圖書：增強數學概念　$60

玩法： 與數學有關的圖書，內有故事性，亦有色彩繽紛的圖案，讓孩子更投入之餘，亦可學會不同的排序方式和數字概念。

名稱： 兒童套裝書（2本）

註：以上產品為荷花親子提供，價錢只作參考。

一邊玩

一邊學Steam

專家顧問：唐蒨怡/教育中心創辦人、陳斯皓/教育中心創辦人

　　近年於教育界大熱的STEAM，學校推行更是越推越早，部份幼稚園更在幼教階段便已開始推行，務求讓寶寶及早接觸，盡早得到啟蒙。但專家說孩子學STEAM應與現實生活掛勾，從生活中入手。本文由STEAM專家教家長如何助幼兒接觸STEAM。

STEAM活動可培養幼兒的思維發展。

點解幼兒要學STEAM?

21世紀需要懂得思考、敢於創新、勇於表達的人才,而STEAM教育正正是迎合這個世代的需要。所以STEAM教育已是全球的教育大勢所趨,但STEAM教育的精髓在哪裏?幼兒學STEAM又有甚麼好處?專家會為大家一一講解。

甚麼是STEAM?

究竟STEAM是甚麼?這要先從STEM教育説起,STEM教育是由Science（科學）、Technology（科技）、Engineering（工程）、Maths（數學）縮寫組成。STEM教育是將科學、科技、工程和數學進行跨學科融合,通過項目研究和動手實踐創造進行的學習方式,培養學生從更多視角認識不同學科間的聯繫,從而提高綜合運用知識解決實際問題的能力。早在1986年,美國國家科學委員會就發佈了《本科的科學、數學和工程教育》報告（Undergraduate Science, Mathematics and Engineering Education）。STEAM教育是在STEM的基礎上加入A（Art：藝術）,2010年美國維吉尼亞科技大學學者Georgette Yakman第一次提出將A納入到STEM中。A廣義上包括了美術、音樂、社會、語言等人文藝術學科。STEAM教育有利於培養孩子的創新精神,以適應未來社會發展的需要。

幼兒學STEAM 3大好處

唐蒨怡表示，STEAM教育不是將重點放在某個學科上，而是讓學生學會用科學家的思維，去解決現實中的問題。幼兒學STEAM有以下3個好處：

❶ 學會積極思考

透過結合生活情景的實驗，有助點燃幼兒的好奇心，並且讓學生「動手」把想法具體實現，在過程中他們需預測、觀察、建造、修正及檢討，並需要積極思考，一步步解決問題，對培養他們的邏輯思維及解難能力有很大幫助。

❷ 經歷失敗 建自信心

每個孩子的學習進度都不同，實驗過程沒有對或錯，無論結果如何，都是學習的經歷。幼兒在嘗試後，可能會經歷失敗，然後在不斷嘗試，修正後找到成功的方法，可為他們帶來滿足感，增加他們探索的動力，並提升自信心。

❸ 提升溝通技巧

STEAM的活動有助孩子的語言發展及溝通能力，這是因為幼兒很多時候都要將自己的觀察及想法說出來，並匯報實驗的成果，對他們說話的組織能力有一定要求。在與其他小朋友合作進行實驗時，也可以學到社交技巧。

在家簡單玩DIY科學遊戲

只要用最簡單的物料和工具，家長已經能夠跟孩子進行科

學探究，啟發孩子的好奇心和科學思維。專家推介4個科學小遊戲，讓大家能夠和孩子在家裏展開一趟奇妙的科學之旅。

化學類

遊戲❶：檸檬小火山

這個遊戲可讓幼兒學習酸性和鹼性物質互相混合後的化學反應。檸檬中含有大量的檸檬酸，和梳打中的碳酸氫鈉一起發生化學反應，產生檸檬酸鈉、二氧化碳和水，不斷翻滾的泡沫就是二氧化碳氣體。

❶ 將檸檬切開一半，再切出一個平面的底座，在果肉中倒入色素，再加入半湯匙梳打粉。

❷ 接下來要做的就是靜靜等待數秒，神奇的事就要發生，檸檬小火山要爆發了！

❸ 用工具如筷子將色素和梳打粉混合，或者加入更多的檸檬汁，就會冒出更多泡沫，效果更神奇。

物理類

遊戲❷：浮力遊戲

小朋友都喜歡玩水，這個浮力的實驗，可謂千變萬化。家長可利用不同的物品，讓孩子丟進水裏，從而觀察不同物質的浮沉，認識水的浮力，明白任何只要密度小於水的物質，都能浮在水上。

❶ 先準備各種日常生活用品，並在塑膠盆裏面裝滿清水，先讓孩子猜一猜，哪種物品會浮？哪種會沉？

❷ 請孩子將物品慢慢丟進水中，觀察哪些東西會浮起來？哪些東西會沉下去呢？

進階版：神奇的柑

　　試試將剝了皮的柑與一整個連皮的柑，一起放進水中，一個會沉入缸底，一個就能浮在水面，為甚麼呢？沒剝皮的柑的柑皮鬆軟，密度比水小，加上其內部中心有空氣，因此整體密度比水小，所以會浮在水面上。剝了皮的柑，桔瓣內大部份是糖水，小部份是固體物，整體密度比水稍大，所以會沉到水裏。家長可以透過這個有趣的實驗，對孩子解釋浮沉背後的原理。

生物類

遊戲❸：肚子裏的秘密

　　我們吃進肚子裏的食物，到底到哪裏去呢？家長可以利用這個活動，讓幼兒認識人體消化器官的名稱及功能。透過用小手搓泥膠，製作出器官模型，更可以鍛煉小手肌。

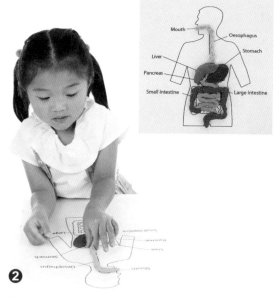

❶ 小朋友可以用搓、捏、壓等方法，做出胃、大腸、小腸等模型。

❷ 將泥膠模型貼在人體圖中正確的位置。

180

工程類

遊戲❹：杯子塔

怎樣才可以用杯子疊出又高又穩固的高塔呢？家長可透過這個活動，讓孩子掌握在疊高塔時，打好「地基」的重要性，同時也可以訓練專注度及手眼協調。

先用杯子打好底層的「地基」，再逐層疊上去。

放杯子時，需留意每層需要的杯子數目及擺放位置。

STEAM 玩具推介

除了在家中DIY之外，其實市面上也有不少有趣STEAM玩具可供家長選擇，陳斯皓就推介了以下2個品牌的玩具：

❶ Scientific Explorer

小太空人遊戲套裝（適合4歲或以上）

這套玩具能給孩子初步認識我們的星空，他們可在天花板和牆壁上製造奇幻的月球、星星和行星，他們能發揮創意，製作在黑暗中發光的閃亮星球和行星圖案。

小小科學家遊戲套裝（適合4歲或以上）

這套教育遊戲有多款有趣又超乎想像的實驗，包括培植七彩幻變的水晶晶體、探索新奇的色彩科學、共有8款有趣而安全的好玩實驗。

❷ 4M創意教育玩具

Thinking Kit系列──我們的身體（適合3歲或以上）

很多小朋友都喜歡砌砌圖，現在可以用來認識身體的奧妙。

透過拼貼不同器官圖片，爸媽可以向小朋友展示人體構造，上一課簡單有趣的生物堂。

Creative Crafts系列──獨角獸磁鐵套裝（適合5歲或以上）

小朋友可自己動手製作可愛造型的磁鐵，利用石膏的可塑性，將獨角獸主題的模型倒模出來，再繪上自己喜歡的顏色。完成後的磁鐵，更可以放置在冰箱上當留言夾。

小貼士：陪伴學習最重要

陳斯皓提醒家長，在孩子進行活動的時候，最重要是陪伴左右，而且多以提問啟發孩子學習的興趣。同時家長不應該直接給予孩子答案，而是引導孩子自己尋找答案。

玩轉博物館 × 大自然　實地學STEAM

STEAM教育是要培育孩子的創新思維及探索精神，若他們能置身於更大、更廣闊的場景之中，對於他們吸收知識、擴闊視野，有很大的幫助。

走入3大博物館　邊玩邊學

唐蒨怡表示，參觀各類型博物館，是最能啟發孩子學習興趣的方式之一。與科技有關的，最直接的是香港科學館、香港太空館及兒童探索博物館等。家長可先找到孩子的興趣，再一起探討學習主題。博物館中設有大型的展示及實驗裝置，孩子可親手操作，學習過程會更加深刻，他們更可以與其他小朋友合作，互相學習。

❶ 太空館：互動展品學天文知識

香港太空館在2018年翻新開放2個全新常設展覽廳，分別為探索宇宙的演化及相關科學的「宇宙展覽廳」，以及環繞太空探索和太空科技的發展的「太空探索展覽廳」。展覽透過有趣的互動展品和先進器材，配合燈光效果和環境佈置，介紹天文及太空科技知識。大人和小朋友可走在展品中，調校真空管內太陽風的強度，在地球模型上產生極光；親嘗身處太空的無重狀態，又扭動固定的轉盤令自己轉動，了解反作用力在推動火箭的原理。

太空館設有很多互動展品，小朋友可以親自操作，學習各種科學原理。

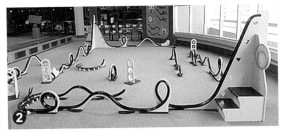

科學館的兒童天地展館，設有不同的合作性大型科學遊戲。如「滾球過山車」中，小朋友要合作拼接出一條過山車軌道，再把圓球放到軌道上不同的高度溜下來，從中發現圓球的速度和行進距離會有所變化。

❷ 科學館：操作中學科學

　　科學館的常設展覽有超過500件展品，展品題材非常廣泛，而且有7成都可以由參觀人士操作，包括了光、聲音、力學、磁與電、數學、生命科學、生物多樣性、環境保護、運輸、電訊、食物科學及家居科技等。其中專為2至12歲小朋友而設的「兒童天地」，在2017年翻新後重新開放，設有多個有趣設施，讓小朋友從玩樂中學習。

❸ 兒童探索博物館：設施專為兒童而設

　　香港兒童探索博物館分為4個玩樂區，館內設施全部是為兒童而設，可以隨意運用去做實驗、觀察以至動手製作的機會。小朋友可在顯微鏡下觀察不同的動植物標本，可以發揮創意，製作一個可以在「風之管」內飛得最高的物件，或運用木塊任意組裝等。來到「水源號」，除了可以玩水，更可以學到水循環、流動的特性。這些任務都可以鼓勵小朋友思考、自行實踐及測試為達到最理想效果，令小朋友學懂知識，因此會有專人指導小朋友以及講解原理。

戶外學習 學珍惜大自然

　　唐蒨怡表示，科學教育的目的是讓孩子學習理解世界如何運作，如何獨立判斷的思維，去欣賞、觀察大自然的變化，從中得到靈感和啟發，與大自然互動共生。所以她很鼓勵家長從小帶孩子多接觸大自然，香港的郊野公園大多鄰近市區，家長可趁周末及假日帶孩子走進大自然中探索，例如看見不同的昆蟲，家長可請小朋友觀察其身體特徵及習性，跟其他見過的昆蟲做比較等，藉以提升孩子的觀察力及探索的興趣。

《STEAM大挑戰》　　　　《小康軒幼兒科學素養系列》　　　《Doll-E 1.0》

STEAM學習資源大集合

其實坊間有很多適合小朋友學習STEAM的資源，當中包括科學書籍、網站，以及課程等，只要能好好善用，對幼兒的STEAM學習很有幫助。唐蒨怡會為各位家長推薦一些學習資源，讓家長和小朋友能輕鬆吸收科學知識。

書籍

❶ 《STEAM大挑戰》

由台灣科學專欄作家許兆芳撰寫，共設32個科學任務，難度共分3級，都是連結了與生活息息相關的問題，像是怎麼蓋一棟穩固的建築、如何設計路徑才能讓滾球順利滾至終點等，家長與老師可以引導孩子從「分析提問」、「設計思考」、「動手實作」與「設計修正」四個環節進行挑戰，充分發揮STEAM精神。

❷ 《小康軒幼兒科學素養系列》

這是一套台灣的幼兒科學繪本，目前已發行12冊。每一冊的主題均不同，透過遊戲設計和科學，如聲音、氣味、反射、天氣、磁鐵及光影等，除了提供精緻詳實的圖文、豐富的科普知識之外，還附有好玩的動手科學實驗，建立基礎的科學技能與學習態度。以《長鼻子與大耳朵》為例，是從小象的學習之旅開始，引導幼兒觀察「氣味」和「聲音」的相關科學現象。

❸ 《Doll-E 1.0》

這本繪本是美國國家科學教師協會24本2019年最佳兒童STEM推薦讀物之一。故事是關於一個喜歡思考、修補東西、熱愛科技的小女孩Charlotte，有天她收到了一個會動的玩具娃娃禮物，發生了意想不到的事情。這個故事可以啟發小朋友成為喜歡探索和創新的人，尤其可以讓女孩子知道，STEAM不是男孩子的專利！

課程

近年家長及學界都越來越重視STEAM教育，令坊間出現不少STEAM課程，以下是3類熱門STEAM課程：

第1類：學編程 建邏輯思維

編程（Coding）講究組織順序，適合4至5歲的孩子開始學習，先從棋盤遊戲開始，學習簡單的邏輯概念，例如如何令物件從一個位置移動到另一個位置，透過簡單的任務，培養邏輯思維及解難能力。較年長的孩子，則可以學習用程式設計軟件如「Scratch」，編寫互動遊戲或動畫等。

第2類：製作機械人 學工程知識

透過砌出一個屬於自己的機械人，小朋友可以學習有關工程的知識，也能培養創新思維，以及掌握解決問題的技巧。坊間的幼兒機械人課程，以LEGO開發的教材為主，好玩又有滿足感。

第3類：動手做實驗 發揮探索精神

孩子充滿好奇心，這類課程會按照貼近幼兒生活的主題，設計不同類型的科學實驗，從中鼓勵幼兒盡情探索，發揮創意，並掌握基本的科學原理。

網站

❶ TheDadLab

https://thedadlab.com

這個網站由來自英國的全職爸爸Sergie Urban創立，他自創一些STEAM小科學實驗，激發兩個兒子的求知慾。這些實驗全是取自家中有的材料，如梳打粉、醋、雞蛋、顏色筆、紙張、氣球及磁石等，大家不妨跟着Sergie的親子實驗影片，跟孩子一起玩玩看。

❷ Learning Potential

https://www.learningpotential.gov.au

這是由澳洲聯邦教育暨訓練部所規劃的數位學習資料庫，根據家長與孩童年齡的不同需求，提供各類型的教案，其中STEAM也是佔了一個重要的組成部份，讓父母在家也能營造潛能開發的優質學習環境。

A 至 Z
26個免費親子遊戲

專家顧問：霍凱霖/教育心理學家

　　一到暑假，很多家長為子女安排暑期活動，都會感到頭痛和肉痛。想讓小朋友暑假過得充實，其實也不一定要大破慳囊。本文為大家推介由A至Z的26款免費親子活動，可讓家長和小朋友增進親子感情之餘，還可提升孩子不同的能力，要過一個充實好玩，又夠經濟的暑假，so easy！

A

扮演小主播，能鍛鍊小朋友的自信和表
達技巧。

B

沙灘有沙、有水、有貝殼，每個小朋友
都喜歡。

C

替自己的照片填上顏色，可訓練小朋友創意。

A for news Anchor 新聞小主播

　　家長和子女一起閱讀報章新聞，然後挑選一段小朋友感到有
趣的新聞，由家長和孩子輪流扮小主播，報道新聞。

好處：提升閱讀及認字能力，討論過程有效提升彼此的溝通及表
達技巧，增強小朋友的自信心。

Tips：家長宜先和小朋友認讀較深的生字，引導小朋友如何組織
及表達。若他們不敢做，家長可先鼓勵及作示範，或請小朋友做
介紹主播出場的角色，分工合作，循序漸進。

B for Beach fun 沙灘樂

　　家長可帶小朋友到沙灘玩水和玩沙，以及和陽光玩遊戲。

好處：玩沙可以讓小朋友觀察到乾沙、濕沙的變化，提供多感官
刺激。在堆沙過程中，還可以提升小朋友的創造力。

Tips：家長不妨引導小朋友訂立目標，一起堆一座堡壘，一起向
目標進發。同時引導小朋友觀察不同濕度時沙的變化，以及堆堡
壘的效果，讓小朋友留意因果的關係。

C for Color themselves 創意塗色

　　利用電腦將小朋友的照片用打印機，以灰階列印在白紙上，
然後給小朋友塗上顏色或塗鴉；或者在臉上加上化妝，或是在衣
服上加上新的設計圖案。

好處：提升小朋友的創意和美感，以及提升幽默感。

Tips：完美主義的小朋友，可能會抗拒在自己的照片臉上塗鴉，
家長要留意他們的情緒。可以改為用父母的照片，亦可考慮只改
變髮型或化妝，從美感出發。

小朋友扮演小偵探，可提升他們的問題解難能力。   *在暑假製作Ecard給好朋友，是件非常溫馨甜蜜的活動。*   *小朋友用布自製衣服，女孩子最喜歡。*

D for little Detective 解難小偵探

　　家長和小朋友在家扮演小偵探，輪流收起一件日常用品，然後由收藏一方提供貼士，偵探可發問不同的問題，找尋線索，猜猜收藏的物件是甚麼及位置，直至找到目標為止。

好處：可提升觀察力、問題解難能力和認識因果關係；透過發問來拆解問題，達到言語理解訓練的目的。

Tips：家長要多引導小朋友發問，若他們遇到困難應盡力提供線索，而非指責他們不動腦筋，影響遊戲的樂趣。

E for Email card 溫情心意卡

　　家長和小朋友一同用電腦製作一張心意卡，向許久不見的同學表達慰問，甚至邀請同學到家裏玩耍。

好處：加強小朋友的寫作能力和社交技巧，並有助提升正面使用互聯網的經驗。

Tips：家長可從旁教導小朋友正確和安全使用網路的知識，但不要過份批評小朋友的寫作文法，作出溫馨提示便可以。

F for Fashion designer 華麗變身

　　家長和小朋友一同用家中不同的衣物或布料，讓小朋友自己設計服飾及扮演模特兒行catwalk。

好處：能提升小朋友的創意和藝術氣質，並從中認識不同布料的特性。

Tips：若小朋友會運用剪刀或扣針，家長應從旁協助，扮演小助手角色，避免過份操控小朋友的創意。

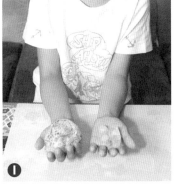

G 原來玩紙牌遊戲，可提升家庭的凝聚力。

H 樹葉獵人記得不要採摘樹上的樹葉，愛護大自然。

I 將ice和cream混在一起，小朋友可以發揮無限創意。

G for card Game 紙牌遊戲

家長和小朋友一起玩撲克紙牌遊戲，如冚棉胎。

好處：紙牌遊戲可提升家庭的凝聚力，讓小朋友學習面對輸贏，還可訓練社交技巧及提升記憶力。

Tips：家長應留意小朋友的情緒，給予適當的開解和鼓勵，考慮怎樣協助小朋友，減低挫敗感。

H for leaf Hunt 樹葉獵人

家長帶小朋友到公園或郊外，一同撿拾不同形狀、顏色的樹葉，回家後可以一同製作樹葉畫或找尋樹葉品種的資料。

好處：讓小朋友認識大自然的變化及增加科學知識，還可提升其觀察能力。

Tips：家長應引導小朋友留心夏天和秋冬的植物有甚麼分別，並要提醒他們不可採摘樹葉，要愛護大自然。若有喜歡的樹葉，可以用相機拍下，回家再搜尋有關樹葉的資料。

I for Ice cream game 水乳交融

家長給小朋友兩個盆子，一個放上冰塊，另一個則放上剃鬚膏，然後讓他們自由發揮，任意玩這些東西。

好處：提供多感官刺激及讓小朋友free play，可提升創意和想像力，還可觀察冰和剃鬚膏的變化，提升觀察力。

Tips：家長可引導小朋友思考，冰和剃鬚膏在不同溫度及遇上冰和水後的變化，亦可以先讓小朋友玩冰，下次再玩剃鬚膏，第三次才一起玩，讓他們發揮更多的創意。

透過跑步活動，可鍛煉小朋友的大肌肉及提升毅力。

暑假是讓小朋友學習一種新球類的最佳時間。

在家玩尋寶遊戲，隨時可發掘許多寶藏。

J for Jogging fun 跑跑樂

在黃昏時間，家長可帶小朋友到公園跑步，如他們喜歡，還可以進行賽跑遊戲。

好處：跑步是大肌肉運動，能強身健體，提升親子關係。當孩子堅持達到目標，更可提升毅力和抗逆力。

Tips：家長應考慮小朋友的體力，初期可以跑10分鐘，然後讓他們到遊樂場玩耍，再慢慢增加時間，不宜一開始已嚇怕他們。

K for ball Kicking 球迷小將

家長帶小朋友到足球場踢波或進行他們喜歡的球類活動。而在暑假亦可考慮讓小朋友學習一項新的球類運動。

好處：球類運動可提升小朋友的手眼協調、大肌肉及團隊合作能力。

Tips：家長應留意小朋友的情緒，他們可能因為輸掉而感到沮喪、失望，失去學習的興趣，家長宜多加鼓勵，希望他們知道輸贏並非重點，而應着重玩耍的過程，以及自己是否有進步。

L for Look for treasure 尋寶遊戲

家長和小朋友在家搜尋一些舊物，找衣櫃、抽屜及玩具箱，總會找到一些寶藏。家長可自製寶藏，將小朋友兒時的功課簿、默書簿或曾貼堂的畫作放在寶箱，一起回顧。

好處：可提升小朋友的探索技巧，以及家長和小朋友一起重溫兒時記憶，增進親子交流。

在家欣賞電影，是最開心和輕鬆的親子活動。　利用大自然的物料自製樂器，進行大自然合奏。　布偶劇可用小朋友熟悉的故事改編。

Tips：親子對話勿帶批評，應以朋友交談形式，重溫昔日片段，並讚賞小朋友在不斷進步。

M for Movie night 電影夜

　　家長和小朋友在家一同欣賞電影，還可一同準備一些零食，模擬在戲院看電影。

好處：可提升家庭凝聚力，同時可由小朋友計劃選擇哪類型電影、準備甚麼零食等，以提升他們的計劃和組織能力。

Tips：家長可引導小朋友怎樣安排和進行計劃，如先選出電影，然後再怎樣進行下一步，或者互相輪流選擇電影，讓他們學會考慮別人的需要。

N for Natural musical performance 大自然合奏

　　家長可帶數名小朋友到郊外，然後有些拿起樹葉、有些用石頭、有些以竹或樹枝，家長亦可帶備不同容量的膠樽，大家一同敲擊，進行大自然大合奏。

好處：可提升小朋友的創意和音樂感，並可感受不同物質可造成不同的聲音，提升探索精神。

Tips：家長可引導小朋友搜羅不同的物件，再提出粗糙、柔軟、輕、重等不同質感的物料，可以造出不同的聲音，讓小朋友自行嘗試。

O for Own puppet show 布偶劇場

　　家長可請數名小朋友自己構思一齣布偶劇，家長可提供意見，如按某個故事大綱等，或任由孩子天馬行空，演出讓成年人欣賞。

到遊樂場玩耍，原來是小朋友學習社交禮儀的好場所。　透過問問題，可鍛煉小朋友的問問題技巧和組織能力。　親子伴讀有助提升親子關係。

好處：提升孩子的語言、表達及溝通技巧，透過組織和計劃布偶劇的內容和細節，提升組織能力。

Tips：可由小朋友熟悉的故事或實況改編，不用他們由零開始，可增加成功感及減輕難度。若家長不明白故事內容，應引導小朋友再加以解釋及演繹，不要加上負面批評。

P for play at Playground 放電遊樂場

帶小朋友到公園的遊樂場，任由他們自由玩耍。

好處：在遊樂場玩耍，可提升小朋友的社交能力和學習禮儀，還可鍛煉大小肌肉。

Tips：除非遇上打架或小朋友有機會身體受傷，否則家長可以讓他們自行去解決問題，讓他們從中學習社交。

Q for I have a Question 有問有答

家長和小朋友玩問答遊戲，輪流發問完全沒有規範的題目，然後一同找尋答案。

好處：可鍛煉孩子的問問題技巧、組織及解難能力和因果訓練。

Tips：家長可根據小朋友的能力，這不是考驗小朋友，而是以輔助形式幫他們發掘、提問。之後再教他們怎樣去找答案，以及從甚麼途徑去找尋。

撿拾貝殼後，可以由小朋友思考怎樣利用貝殼。

帶小朋友參觀不同場地或機構，可提升小朋友的認知能力。

在桌子下自由活動，可以讓小朋友天馬行空，發揮創意。

R for Reading time 親子伴讀

家長和小朋友一起看一本有趣的圖書。

好處：親子伴讀可提升言語、閱讀及思考技巧，以及親子關係。

Tips：家長可和小朋友分配角色，扮演故事人物輪流朗讀故事，或扮演旁述，由小朋友自主安排。

S for Shell collector 沙灘拾貝

家長帶小朋友到沙灘，然後一同撿拾貝殼，回家後一同上網找尋貝殼種類名稱，或製作手工。

好處：可培養小朋友的藝術潛質，以及對大自然的探索。

Tips：家長宜規定每次撿拾貝殼的數量，以免對生態造成破壞，並提醒小朋友小心，免被貝殼割傷。

T for Take a field trip 參觀日

家長可上網找尋有趣及免費的工作坊活動或一些機構的開放日，然後帶小朋友參觀。

好處：透過親身的體驗，可提升小朋友的認知能力，以及加深對相關題目的印象。

Tips：家長可上網搜尋不同機構的開放日，事前做一些資料準備，讓小朋友有初步認識，於參觀時會更容易投入。

U for dream Under the table 夢想空間

用布將桌子完全覆蓋，讓小朋友躲在桌子下自由活動。他們可以想到很多構思，如野餐及露營等，發揮很多創意。

參與慈善活動，可以讓小朋友增加了解社會不同階層人士的生活。　水有多種形態，用來做實驗，可提升小朋友的擴散性思考。

好處：提升小朋友的創意和想像力，如家長一同參與，還可增進親子感情。

Tips：避免使用摺枱，並要清理餘下的雜物，以免令小朋友受傷。

V for Volunteer together 大慈善家

家長上網搜尋一些慈善義工活動，然後帶小朋友參加。家長可於暑假初作好部署，建議小朋友將暑假免費活動慳回來的錢作慈善捐款。

好處：讓小朋友透過慈善活動增加對社會的認知，了解社會上不同階層人士的生活，加強小朋友的同理心。

Tips：家長要考慮小朋友的感受，若面對傷殘或外觀受傷的人，可能要先做足資料搜集，讓小朋友有心理準備，以免嚇壞他們。

W for Water experiment 小科學家

家長和小朋友一同搜尋一些用水做的科學實驗，然後在家進行；或者讓小朋友自己用水玩不同的遊戲。

好處：可提升科學知識及認識因果關係，並可透過觀察和遊戲，提升擴散性思考能力。

Tips：家長可和小朋友一同搜尋科學實驗的影片，觀看後再一起動手進行，並引導小朋友歸納實驗結果。家長可用抽濕機的水進行實驗，以免浪費食水。

修理家中電器或玩具，可提升小朋友的生活技能。

家長讓小朋友自己構思、製作及上載影片，讓他們享受自主的樂趣。

透過參觀動物園，可提升小朋友對科學和生物的知識。

X for fiX furniture 維修大師

家長可將家中報廢了的電器或玩具留下來，然後和小朋友一同嘗試修理，從中學習珍惜物品。

好處：可提升日常生活的技能及解難能力，並加深認識不同物件的結構。

Tips：家長要提醒小朋友，事先需家長同意才可以拿物件來修理。有些物品可上網做資料搜集，讓小朋友增加認識才進行修理，可以更有系統和目標。

Y for upload YouTube 新晉大導

家長請小朋友自己製作一段影片，主題可以由小朋友決定，然後上載到YouTube，看看有多少人like。

好處：提升使用網路技巧和運用電腦的能力，並可學習表達所思、所想及組織的能力。

Tips：家長宜讓小朋友自己鋪排，並訂立使用電腦、網絡的時間表，以免沉迷。之後要肯定及讚賞小朋友的能力和付出，給予正面回應。

Z for Zoo visit 遊動物園

帶小朋友參觀香港動植物公園，先做資料搜集及提供地圖，然後由小朋友自己計劃行程，以及訂立參觀的路線圖。

好處：除了可認識香港的動物和植物，提升科學和生物知識外，還可讓孩子學習資料搜尋和行程計劃。

Tips：如有時間，可分段參觀，令小朋友更深入仔細認識每種植物和動物。

玩轉夏日
12個親子好玩活動

專家顧問：Helen/社區學習平台「自然遊樂」創辦人、
黃永森/中國香港體適能總會行政總監、Ella Lee/藝術教育中心主任

趁着夏天來臨，一起享受親子相處的時間！本文專家會推介3類適合於夏天進行的親子活動，包括戶外活動、親子運動和藝術體驗等，讓小朋友有另一種體驗，共度親子時光。

第1類：戶外活動 寓玩樂於學習

　　近年親子戶外活動的風氣盛行，但又不想每逢假日都總是行山或露營？那麼以下由「自然遊樂」創辦人Helen推介4項具特色且知識性的本地親子戶外活動，藉此提供一個機會，讓家長與孩子享受戶外活動的樂趣。

活動❶：體驗香港文化

路線：香港仔→坐街渡→鴨脷洲→鴨脷洲街市

　　這個一天遊包含歷史、社會文化和人文文化於一身。小朋友可以在香港仔一覽香港舊漁港及避風港，認識以前「水上人家」的生活、香港漁村發展，以及漁港歷史，體驗漁港的舊風貌。

在香港仔可乘坐有「水上的士」之稱的街渡去鴨脷洲。

鴨脷洲的魚市場是香港一大海鮮批發市場，海鮮種類繁多又新鮮。

到鴨脷洲街市購買新鮮捕來的魚回家烹調晚餐。

活動❷：行夜山

地點推薦：新界大埔滘自然護理區、西貢島嶼

時間：晚上6時至8時半

　　一家大小夜遊遠足，不單止行山，而初見螢火蟲更會是親子間的一個難忘回憶。每年5至9月，正是賞螢的最佳季節，家長可參加坊間的導賞團一起夜探山林，認識不同生物及其生態。

家長可以參加坊間的導賞團，帶孩子到螢火蟲館工作坊深入認識生物生態。

家長和小朋友可以在香港不同的漆黑山頭，找到螢火蟲、蠍子、青蛙及其他夜間生物。

行夜山為家長和孩子提供機會，通過共同學習、體會的經驗去增進親子關係。

活動❸：海岸生態研習

地點推薦：西貢島嶼、香港各沙灘

　　親子透過海岸生態研習，孩子可以認識潮漲潮退，了解有趣的海岸生態，尤其是海岸生物。不過，如果想看到這些生物，也需要看看大家的運氣和眼力呢！

遊覽連島沙洲，孩子可認識潮漲潮退，水漲時整條石路就會消失，水退時則形成石路通往另一個島嶼。

小朋友可以在海岸尋找和觀察不同各式各樣的生物，如螺、蟹、魚、海膽、海參及海星等。

活動 **4**：認識香港歷史

路線：沙田曾大屋→行城門河→沙田新市鎮公園

　　這個一天遊包含香港歷史和文化、城市發展歷史於一身。小朋友可以藉以認識香港圍村文化，以及新市鎮發展。同時沙田區交通非常方便，是一個適合一家大小玩樂的好去處。

家長可與孩子到沙田曾大屋，以認識香港圍村歷史文化。

沿着沙田最具代表性的城門河走，可了解香港新市鎮發展，認識龍舟比賽的地點，以及城門河歷史和由來。

完成大半天學習後，更可到沙田新市鎮公園遊玩。

提升好奇心及創造力

　　大自然就是個最天然的教室，Helen表示根據過往經驗，大多數孩子到戶外後最常問的是：「這是甚麼？那是甚麼？」大自然擁有很多不同的動植物、自然景象及事物，很容易誘發孩子的好奇心去尋根究底，如家長能適當加以培育及教導，自然能充實孩子的知識寶庫。另外，一家人於戶外活動中能放下手中的工作或電子產品，專注與家人談天説地，自然可增進親子間的溝通及了解。而且，如果家長帶領孩子一同走進大自然，於草地上奔走，不但可以讓孩子呼吸清新的空氣，亦可透過跑動來促進孩子的大肌肉發展。

設計戶外活動小貼士

　　Helen建議父母編制行程時，應盡量以孩子興趣為先，甚或讓他們參與企劃。畢竟親子遊與成人旅行不同，過程中需要倍加照顧孩子的感受。而與小朋友一起玩時，父母切忌「玩即興」，而是根據小孩的歲數及興趣設計適合他們的行程；而行程節奏同樣重要，例如行程不要太趕忙、預留足夠的休息時間、活動宜有動有靜等。另外，行程內容若可圍繞生活便更好，可讓小朋友了解自己所身處的環境。家長自身亦要做好資料搜集，能介紹每個地方讓孩子認識，最重要的是家長自己也能夠樂在其中。

第2類：親子運動　有助身心健康

　　親子運動是一種溫馨、自由、具創意，並重視合作的日常運動，但家長又是否常與子女進行親子運動，共享快樂好時光呢？以下由中國香港體適能總會行政總監黃永森為大家介紹4項親子運動，一起為孩子創造「親子運動」的空間，可讓大家的身心在遊戲和運動中成長。

活動 ❶ ：親子瑜伽

　　透過瑜伽動作，不只可以增強身體的柔軟度，還可以促進親子間的感情，也可訓練孩子的五感發展。對家長而言，親子瑜伽更是一項可以減壓輕鬆的伸展放鬆運動。

藉着與小朋友的肢體互動和接觸，能促進親子關係。

此動作能鍛煉成人四肢力量和穩定性，提升孩子的集中力和專注力。

瑜伽中有些具挑戰性、合作性的動作，家長可以鼓勵小朋友去完成，當中能互相支持，能建立互信的親子關係。

活動 ❷ ：親子水中健體

　　親子水中健體，是指家長和孩子在泳池中利用浮條做出各種跑跳躍等動作。而由於水的浮力有助承托身體，體重負荷比在陸

上減少約70%，亦可以加快消耗卡路里，達至改善心肺功能等的鍛煉效果。

透過水中健體運動，在水中做跳躍等動作，有助強化肌力和肌耐力。

家長和孩子站在泳池中，頭部伸出水面上，利用水的浮力及阻力運動，達到更佳的運動效果。

活動❸：親子雜耍

雜耍這門技能是任何年齡都可以學習，甚至3歲幼兒也可以。雜耍中的轉碟、拋巾及扯鈴，均含有不少複雜技巧，講求高度專注力才可以控制手中道具，同時能訓練身體各部位的協調，是一項全身運動。

雜耍能訓練孩子的手眼協調，身體控制能力，可增強他們的專注力及提升自信心。

家長與孩子透過共同協作，拉近雙方關係，有助親子間的溝通。

活動❹：親子循環訓練

親子循環訓練類似成年人作健體訓練，不過此訓練則會按照幼兒年齡組別和體能需要，利用平衡木、呼拉圈、隧道、積木等不同遊戲設施，組合成一特定路線，使幼兒循環地進行爬、跑、跳等各種動作，可令身體各部位獲得平衡訓練，以及增加訓練的趣味性。

活動4

有系統的運動能夠鍛煉幼兒的身體能力，即肌力、耐力、平衡能力、柔韌度、協調能力及心肺功能。

訓練中會加插入不少小任務，讓孩子增加挑戰性和興趣。

親子運動能讓孩子體會同心協力、互相合作的重要性，從而提升與人社交相處的技巧，加強幼兒的多元智能發展。

選擇體能活動小貼士

　　大人或幼兒若能維持一定的運動量，可以強身健體及有益身心。不過體能和運動量都因人而異，究竟幼兒適合做哪類運動？要做多少？黃永森指家長在為孩子安排運動時，應就其興趣及能力而選擇，亦需注意個別的興趣及能力上的差異，來設計適當的體能活動，或選擇合適的運動項目，能有效地培養幼兒的運動興趣，以及提升他們的運動能力，使幼兒獲益。此外，黃永森提醒家長應要對參加相關體能活動有正確的心態，是希望幼兒能透過運動來協助其身體發展，鞏固他們的跑、爬、跳等基礎動作技能的發展，同時也重視幼兒在過程中有否主動參與，並能樂在其中，從而培養幼兒的心智和社交發展。

2至3歲最好「自由玩」

　　很多研究都顯示，遊戲對幼兒的發展有不同的作用，尤其對他們的語言、認知、語文、創意和社交等發展及課業學習方面等，均有正面的幫助。而聯合國兒童基金會則建議，學前幼兒每日應進行「自由遊戲」（free play）至少1小時。黃永森表示，其實所謂自由遊戲就是指任由幼兒選擇遊戲類型、方法、何時停止或轉換遊戲，整個過程應由孩子主導，家長作配合的角色。有外國研究指出，自由遊戲對於0至7歲兒童的心智、情緒、社交、解難能力及成長發展均有莫大好處，因此自由玩不僅是孩子成長的基本需要，更能讓孩子鍛煉與人相處、解難、認識自我等能力。

第3類：親子藝術體驗 啟發創造力

　　親子應該把握機會走到戶外跟大自然接觸，由於大自然是啟發創造力的靈感泉源，搜集及善用大自然各種的自然素材進行創作，可讓孩子仔細探索自然界中所蘊含的美感、形態及生態。以下由Pario Arts藝術教育中心主任Ella為大家介紹4項親子藝術體驗活動，讓孩子在過程中，啟發個人的創造力和多元能力。

活動 ❶：彩泥沙玻璃盆景

　　此為創造力和想像力融於一體的藝術創作活動，孩子透過掌握和觀察泥和沙的流動方向，可以提升專注力和手眼協調能力，同時欣賞色彩的層次和明暗的變化，培養對藝術的美感。

材料：不同顏色和粗幼的泥土、沙石、貝殼、乾花及乾葉

工具：玻璃瓶、匙羹、筷子、漏斗

把以上搜集回來的大自然材料分類擺好，利用匙羹把泥土和沙，按不同顏色和質地逐層灌進瓶中；其間可使用漏斗協助。

然後放入石粒或貝殼，最後使用筷子協助把乾花或乾葉放進瓶內及插入沙泥中，並以瓶內石粒固定乾花乾葉的位置。

完成了！這就是彩泥沙玻璃盆景！

小貼士
避免選擇瓶口過於細小的瓶子。在把泥沙逐層灌進瓶中時，要留意選擇顏色間隔要分明，最底層要先注入較幼細質地的沙或泥土，不然兩者便會混合在一起。

活動 ❷ ：泥土畫

泥土是一種具有無限創造力的繪畫材料，能讓孩子創作出充滿想像力的作品，有助提升多角度思考。泥土畫同時能帶給小朋友強烈的視覺體驗，帶出「簡單就是美」的藝術概念。

材料： 不同顏色的泥土、清水、水彩畫紙或白圖畫紙（不同類的畫紙吸水程度會有不同）

工具： 粗畫筆、幼畫筆、杯子及淺盤子盛器

 完成

把以上搜集回來的泥土，分別放入杯內並加入水攪拌一番，再靜置一會兒，待泥土融化和沉澱。

把泥土水倒入淺盤子盛器作繪畫顏料使用，利用畫筆開始在畫紙上作畫即可。

小貼士
部份泥土水或有沙石及乾樹枝樹葉碎粒不會融化，在繪畫時會黏在畫紙上，但毋須即時清理。待乾後，有部份黏在畫紙上會成作品特色的一部份，其餘的則會自然脫落。

活動 ❸ ：恐龍化石

恐龍世界令喜歡天馬行空的小朋友心馳神往。過程中，孩子會化身成考古學家，挖掘恐龍化石，且藉着拼出恐龍骸骨，可以了解恐龍形態和結構。

材料： 恐龍拼砌模型板、海沙、黃色廣告彩、清水、石質黏土（也可以利用海沙混合白膠漿代替）

工具： 小油掃、陶泥刀、膠水、黑色marker筆、淺盤子盛器

  完成

取出石質黏土塊，將它擠壓一起至營造出化石面塊，並在上面放上恐龍拼砌模型木片，將它擠壓在化石面塊上緊緊黏緊。

把黃色廣告彩灌入淺盤子盛器，混入清水和膠水攪拌。最後放入海沙混合成「沙膠水」，以小油掃掃在恐龍化石面塊上，待乾。

孩子可把恐龍化石貼在卡紙上，以黑色marker筆繪畫出化石旁的環境，作進一步的想像創作。

小貼士
擠壓黏土時間勿太久，不然黏土會變硬及失去黏貼力。

活動 ❹：彩沙貝殼畫

由於沙的可塑性高，有助提升想像力，加強創意和專注力。另外，彩沙畫創作能締造觸覺和視覺方面等多重感官經驗給小朋友，能訓練他們的手部肌肉、左右手協調。

材料：海沙、小貝殼、塑膠彩顏料、方形畫布板

工具：畫筆、匙羹、杯子及淺盤子盛器

完成

首先把塑膠彩顏料倒入杯中。

運用匙羹把海沙放入自己喜歡的顏料中，並以畫筆攪拌成不同的沙漿。

將沙漿掃上畫布板上形成不同形態的色塊面，最後放上小貝殼在沙漿上，彩沙貝殼畫便完成了！

小貼士
由於塑膠彩顏料含膠質，故乾後可把沙漿及小貝殼黏在畫布板上不會脫落。若貝殼較大，則需要白膠漿協助黏貼。

親子藝術創作的意義

在現今功利主義的教育觀點下，親子藝術創作對孩子未來的人生態度上有着極深遠的影響。不論是學術上的學習，或是藝術教育裏美學的培養，Ella認為最重要的是家長給孩子的陪伴與支持。若希望小朋友能夠往藝術方面發展，那麼藝術教育便須由父母自己做起，家長可多嘗試接觸藝術創作，從而培養孩子的藝術涵養。另外，在親子創作過程中，家長需給予孩子適切的支援與鼓勵，一起互相討論和分享創作的主題，利用生活中的互動來培養孩子的藝術欣賞能力。

要與孩子一起體會

Ella表示，在孩子11歲前，家長應側重培育孩子在態度和思維上，而不同的學習技巧 應配合發展階段需要而循序漸進。因此，藝術教育的第一課便是從「聆聽」和「接納」開始，家長要懂得學習接納孩子多元創意的表現方式，多培養孩子的聆聽、欣賞、觀察、捕捉等能力，多給予空間讓小朋友發揮創意，不然便會在無形中束縛了他們很多創造藝術的天賦能力。藝術欣賞的目的不是讓孩子成為藝術家，而是從不同的角度探索人類經驗，拓寬孩子的視野，培養他們對世界的興趣。因此，藝術欣賞能力有助於鼓勵年幼的孩子勇於探索、自我表達，培養邏輯思維、想像力和創造力。

食玩學
培育聰明B

專家顧問：李杏榆/註冊營養師、黃文儀/英國認證遊戲治療師、沙鳳翎/教育中心創辦人

　　每位家長都想教出一個聰明寶寶，但孩子聰明與否，是否天生早已注定？還是可經後天培養？本文幼兒專家教家長如何從食、玩、學中，培育出一個聰明寶寶，並列舉家長的真實個案，以及拆解一些坊間不實謬誤。

食出好腦力　提升學習能力

　　研究證實，孩子的「腦力」與其營養狀況的關係是十分密切。要提升孩子的「腦力」，提高學習效率、智力和增加記憶力，可從飲食入手。以下，我們邀請了營養師教路，打造出一個腦力十足的精叻孩子！

4大營養素 助腦部發育

　　腦部健康真是十分重要，特別是對於這一代的孩子來說，更加是少一點「腦力」也不行！因為腦部主宰了孩子的整全健康，使他們有清晰的思維，從而控制其情緒，成為一個更快樂、更正面、更有效率的人。以下，由營養師李杏榆介紹4大營養素，幫助幼兒腦部發育：

❶ 優質蛋白質：蛋白質具有人體生長發育所必須的各種氨基酸，而蛋奶類便含有豐富優質蛋白質，有利小朋友發育和成長。
攝取來源：新鮮肉類、雞蛋及奶等，而當中雞蛋的蛋黃，還富含卵磷脂，是負責記憶力、提高反應時間和專注力的神經傳導物質主要原料。

❷ Omega-3：Omega-3是一種多元不飽和脂肪酸，包括常見的DHA和EPA，當中有助抑制壓力荷爾蒙及增加血清素的分泌，可幫助穩定大腦情緒，使人放鬆心情，是一種「開心食物」。另外，Omega-3對孩子的腦部發展十分重要，有增強記憶和專注力之效。
攝取來源：由於人體不能自行製造Omega-3，故必須從食物中攝

取。含有豐富Omega-3的食物包括亞麻籽、奇亞籽、核桃和深海魚，如三文魚、吞拿魚、比目魚和沙甸魚等。

❸ **維他命D**：維他命D是促進人體骨骼健康不可缺少的營養素，同時亦能幫助腸道吸收鈣質，維持血液中鈣、磷的正常水平，令骨骼強健。此外，在調節細胞生長、神經肌肉功能和免疫功能方面，起了重要的作用。

攝取來源：只有少量食物含有天然維他命D，包括油脂較高的魚類，如三文魚、沙甸魚等。其實人體內大部份的維他命D，是經由陽光照射皮膚而合成的，因此多作戶外體能活動，讓皮膚短暫接觸陽光，可增加身體產生維他命D的機會。

❹ **碘質**：碘質在甲狀腺功能方面佔着重要的角色，這會影響幼兒的腦部發展。因此碘質太多或太少，都可能導致甲狀腺功能不足，妨礙兒童腦部發育和身體成長。

攝取來源：海帶、昆布、紫菜和碘鹽均含有豐富的碘質，其次為海產，如海蝦、蠔及海魚，以及蛋及蛋類製品，當中蛋黃所含碘質尤其高。另外，還有奶及奶類產品。

設計飲食 3個小貼士

幼兒期階段的孩子，其飲食習慣更是奠定日後飲食習慣的重要基礎。而家長的飲食習慣除了能塑造孩子的飲食態度，也是孩子行為模仿的重要對象。父母在關心孩子吃甚麼東西的同時，無形中也在守護自己的健康。因此，李杏榆建議父母在設計飲食時，可留意以下3點：

❶ **選用新鮮食材**：多選用新鮮且健康的食材，避免使用半製成品和添加鹽、油、糖的加工食品，才能讓小朋友吃出食物的鮮味。

❷ **不要加入調味料**：家長在烹調時，應避免使用味精、糖和鹽份高的食品和調味料，盡量選擇清淡的烹調方式。因此建議家長宜將小朋友的食物與大人分開烹煮，避免因高油糖鹽的食材及烹調方式養成重口味的習慣，從而影響正餐的食慾，減少其他營養素的攝取，妨礙正常生長發育。

❸ **色彩要多**：家長可利用不同種類、顏色、形狀或質感的食物，提升菜式的吸引度，增加幼兒進食的興趣。此外，食材多元化不但有助幼兒吸收更全面的營養，亦能配搭出不同的菜式，令菜式更具吸引力，建議每餐有2至3款不同顏色的蔬菜。

營養師推介：2款健康食譜

食譜1：南瓜三文魚三色飯

材料

南瓜 100克
三文魚............................ 90克
三色米............................ 1/3碗

做法

① 三色米先浸半小時，再煮成飯。
② 三文魚用少許鹽醃，再將其煎香、起骨和碎肉。
③ 南瓜去皮、切件，再煎香。
④ 將三文魚和南瓜拌入飯中，即可。

營養價值

南瓜：高纖，具抗氧化，能保護心血管健康。
三文魚：含優質蛋白質及奧米加三脂肪酸，有助腦部和心血管健康。
三色飯：含高纖和礦物質，有助穩定血糖。

食譜2：鮮奶蛋花麥皮

材料

原片麥片 4湯匙
全脂鮮奶 1盒
雞蛋 1隻
糖 ....少許

做法

① 倒牛奶入鍋，中小火煮開約3分鐘。
② 把火調小，倒入雞蛋，快速用勺子把雞蛋拌散。
③ 將火調至中小火，倒入原片燕麥片，不時作攪拌，煮3分鐘。
④ 加糖調味，上碟後即可食用。

營養價值

原片麥片：含纖維和澱粉質。
全脂鮮奶：含豐富鈣、維他命D、蛋白質。
雞蛋：含蛋白質及多種微量營養，當中包括腦部需要的重要營養膽鹼。

迷思 1：小孩多吃魚能變聰明？

答案：正確

專家解答：為何吃魚會有如此神奇的力量，使錯綜複雜的小腦袋變聰明了呢？答案是DHA。魚油中含有豐富DHA及EPA多元不飽和脂肪酸，可使腦神經細胞間的信息傳達順暢，提高腦細胞活力，並可刺激腦神經細胞纖維的延伸，幫助寶寶在記憶力、反應力與學習上發展得更好，是嬰幼兒成長過程中不可或缺的重要營養素。有不少家長可能會給小朋友進食一些營養補充品，如魚油，以補充所需的DHA。但營養師李杏榆提醒家長要留意建議份量，不是多進食便代表好，因為魚油中含有高蛋白質和Omega-3，人體需要大量能量和時間轉化和平衡，小朋友的腸胃未必能承受得住。

迷思2：中國人常説以形補形，食豬腦補腦會醒目點？

答案：錯誤

專家解答：以形補形，這是人們心中約定俗成的進補方法。但是吃豬腦真的能補腦嗎？李杏榆表示雖然豬腦含有蛋白質，有益腦健康，但因為豬腦內含高膽固醇，對身體有負面影響多於正面，會導致癡肥，影響身體功能。想提升小朋友的腦力，需要「以形補形」的話，她表示吃核桃是最有效。因為核桃含有豐富的ALA（α-亞麻酸），是植物性Omega-3，有助建立及維持眼睛、腦部及心血管健康。除了核桃，近期較流行的奇亞籽及亞麻籽同樣含有豐富的ALA，但只有少於15% ALA能有效轉化為EPA，繼而轉化為DHA，所以我們需要從食物直接攝取DHA及EPA。但她表示由於堅果類食物脂肪含量高，容易導致肥胖，小朋友不宜進食過量。

家長分享：選擇天然食材

郭太（女兒郭珇霖，23個月）

「女兒在1歲前，我都會選擇天然的食品給她，且用蒸同白焓方法去烹煮。但在她1歲之後，在一天裏，我會盡量限她只可在外面餐廳與大人同食一餐，另一餐則在家食得清淡一點。我們主要選擇少調味、無激素和無色素的食物，因為多吃化學食品對小朋友身體無益。另外，我也會讓女兒吃三文魚及一些果仁，例如腰果，來幫助發展孩子的腦部。而果仁會壓碎，然後混在麵糰內做麵包。」

玩樂有益　輕鬆打造聰明B

古語有云：「勤有功，戲無益」，但這句話已被教育專家證明是不合時宜了。小朋友在0至6歲時，在玩樂的過程中可以學習到的事情，實在遠遠超乎成人的想像。本文由遊戲治療師教家長如何讓孩子從愉快中學習。

遊戲是孩子的本能

遊戲治療師黃文儀表示，有些家長常常覺得幼兒整天在玩遊戲，會阻礙未來的發展，但他們往往忽略了這些遊戲活動的刺激性，其實對幼兒的發展是有所影響的。一個好的遊戲活動，不僅能對幼兒的發展有幫助，還可以啟發幼兒的動作發展及內在潛能。黃文儀認為遊戲是孩子成長期必須的重要養份，就如人要呼吸一樣不能缺少。

雖然現今家長漸漸意識到遊戲對孩子成長的重要性，但卻只側重於考慮遊戲的功能性，而忽略了孩子的實際需要，選擇的遊戲種類更是偏向考慮有助提升孩子學習能力及其益處。她引述著名遊戲治療大師Garry Landreth的名句：「鳥飛、魚游、兒童遊戲」。「遊戲」其實是很簡單，那就是兒童本能要做的事，是孩子原生的需要。

遊戲種類最重要

黃文儀表示，家長選購玩具時，應多以孩子的角度出發，選擇有趣，並配合幼兒發展階段的玩具，讓他們享受遊戲的樂趣。

此外，家長不應偏重於智力遊戲，不妨選擇一些具創意，能培養思考、解難能力的玩具。對幼兒而言，一件合適的玩具，是可以啟發他們的想像力和創造力，誘發他們與同伴分享、合作的機會。

家長分享：隨着小朋友興趣而玩

曾太（兒子曾俊仁，3歲半）

「我認為遊戲和玩具都不用局限於某一範疇，因為玩樂本身便是小朋友的工作，他們透過玩遊戲會得到平衡的發展，包括智力、情緒、體能、大小肌、品德、美藝、表達等各方面的能力。例如到戶外，我們會選擇到沙灘、公園、旅行、農莊、郊遊、運動場等遊玩。室內方面，我則會到政府或私人遊戲室，與朋友的家庭自組活動，如到科學館和太空館玩。玩樂當日，我覺得要考慮當天的天氣、小朋友的體力和興趣，我會問小朋友想玩甚麼，讓他們得以選擇。而我每天都會與兒子一同看圖書，我相信只要隨着小朋友的興趣去玩，他們會更願意配合和興奮。」

遊戲治療師推介：2款親子遊戲

遊戲1：親子按摩遊戲

適合：初生或以上

玩法：肌膚與肢體的自然接觸能建立親密感，爸媽可從親子按摩遊戲開始，為親子時光注入更多的愛與安全感。父母可在洗澡後或睡前，與寶寶進行身體觸覺活動，如寶寶按摩，利用一些潤膚乳按摩手和腳，再配合一些愉快和輕鬆的音樂或是童謠，為幼兒帶來感官上的刺激。

好處：寶寶一出生，面對全然陌生與未知的世界，最需要愛與安全感。而親子之間的按摩，能提供家長與孩子間親密互動的方式，從靜態的按摩撫觸，到動態的帶領寶寶探索身體大小肌肉。透過按摩身體各部位，能夠給寶寶足夠的刺激，有助於幼兒的大腦發育。

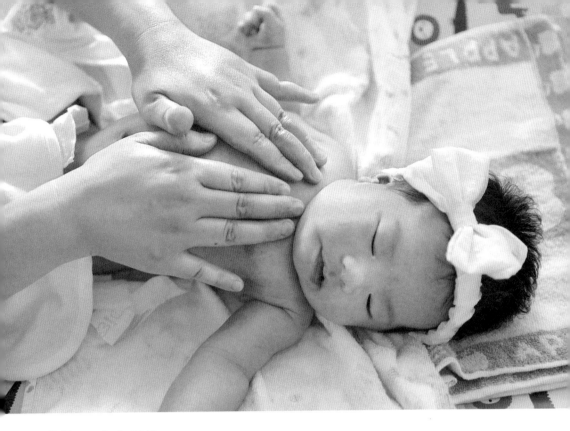

遊戲2：角色扮演

適合：3至4歲

玩法：家長可以運用一些日常生活中常見的場景和角色，如廚師和客人，與孩子一起進行角色扮演。

好處：由於此年紀的孩子開始入學，需要多應用言語來表達自我。透過角色扮演，能夠開發幼兒的左右腦發展，激發想像力、觀察力、思維發展、解難能力，以及語言發展。同時，幼兒在創作過程中，能夠訓練思考能力，透過言語來整合想法，從而表達出來。而且，孩子在過程中會注視父母的表情和聲調，從中可學習了解對方情緒，那種互動才有影響力。

迷思1：與不同類型的小朋友一起玩，會越玩越叻？

答案：正確

專家解答：隨着獨生子女大量出現，現今的「小王子」和「小公主」越來越多了。有時候，他們在與自己年齡相仿的社交圈中，很難懂得甚麼是謙讓，甚麼是互相照顧，難以適應與不同人相處，獨生兒難免少了不同年齡的學習對象。

　　當不同年齡、性格、種族等的小朋友共同遊戲、學習和活動，透過相互交往，可讓小朋友改變自我中心，彼此學會關心和忍讓，學習合作，習慣群體生活。幼兒能夠藉以學習與不同的人相處，而年長的孩子可以學習照顧年幼的小朋友，讓他們學習帶領年幼的孩子，能培養自信心。而年幼的孩子則可以多接觸年長的哥哥姐姐，令其學習效能更高，相信幼兒向幼兒學習，會比向成人學習更加自然和有效。

迷思 2：「勤有功，戲無益」，孩子玩得多成績會差？

答案：錯誤

專家解答：「勤有功，戲無益」，已經稱得上是家喻戶曉的傳統教誨。但是不是「勤」就一定會成功，「戲」就一定「無益」呢？對於「勤有功」，有許多名人成功的原因，都離不開「勤」。然而，「戲無益」這句話，黃文儀則表示不認同。因為，有很多的教育家和兒童心理學家確認了遊戲能促進孩子智能和肌能的發展。

　　雖然有人說遊戲會令人沉迷，對人的身心有不良影響，但卻要視乎「戲」是甚麼類型的遊戲。若「戲」是有益身心的遊戲，那麼遊戲的好處便數之不盡了。智力遊戲如下棋能令人們鍛煉腦筋、培養耐性；而團體遊戲可培養團體精神、溝通技巧、合作精神，學習與人融洽相處。當然，如果小朋友只管着遊戲，而忽略了學業，也是會帶來壞處的。因此，黃文儀提醒要選擇適當的遊戲，而且要有節制，才能把遊戲的益處發揮至最大。勤勞必定有功勞，遊戲不一定沒有益處，勤勞和遊戲，最重要的是不要只管讀書，而是在兩者之間取得平衡，才能事半功倍。

學得出色醒目100分

　　天下父母心，爸媽都希望自己的孩子聰明伶俐。為了教出聰明的小孩，家長們都會各出奇謀，或為小孩報讀不同的興趣班。但其實想孩子變聰明很簡單，以下由教育專家教大家如何培養醒目的孩子。

提升腦力3大法

　　每個為人家長者，除希望孩子能健康快樂成長，一定也冀望他們將來能學有所成，出人頭地。如果孩子聰明伶俐，那麼在教養的歷程就會較容易和輕鬆。以下，便由教育專家沙鳳翎教各位家長，如何從生活中提升幼兒的腦力：

　❶ 生活經驗：年幼的孩子因受智能發展限制，只能學習一些較具體的事物，而且只可以從他們熟知的經驗中學習。因此，最好的訓練孩子方法，便是讓孩子親自去接觸，在實際的活動中去體驗和學習，或是利用孩子日常生活的環節來教導他們。

　❷ 感官學習：嬰兒從出生起就展開學習之旅，如果缺乏適合的

刺激，會影響孩子的發展。因此，幼兒總是容易被感官的刺激所吸引，於教導過程中加入大量感官刺激，能讓幼兒更投入和享受，學習所得亦較深刻。

❸ 與成人互動：培育幼兒的語言發展方法有很多，最重要是從父母入手，因為父母是幼兒模仿説話的對象，所以父母多與子女溝通，能有助增強幼兒的説話和認知能力。有研究指出，當家長能與孩子多有一來一回的溝通，便能刺激孩子的腦部發展，當幼兒的語言能力越高，便越能夠學得更多、更快，不管做甚麼事都比較容易成功。

如何為孩子揀選合適教學法？

不同性格及種族的幼兒，也喜歡從遊戲中學習，因為遊戲中學習是最有效的體驗，從體驗中學習能增加有趣度，以及利用生活體驗來學習。沙鳳翎表示，坊間有不同的教學法，不同的教學法也有其優點和缺點，但最重要便是父母的陪伴。除了課堂學習以外，家長能參與陪伴子女的親子時光中，再配合教育中心或學校所提供的教育，便會事半功倍。

家長分享：利用電子產品輔助學習

方太（大女方琋頤，7歲、二仔方顥璋，2歲、細女方端頤，2歲）

「我的大女兒不太愛看書，所以我會用電子產品輔助她學習，甚至供電腦給她自行學習或親子學習。畢竟學校提供網上學習平台，我亦不抗拒利用任何電子產品來輔助學習，因此也沒有理由限制她使用電子或電腦學習。但當她使用電腦時，我會提出使用電腦的限制，以及指引有可能小孩不應接觸的事物。至於弟妹，我會在需要使用一些影像或聽覺支援時，才會讓他們使用電子產品，因為他們的年紀比較小，我希望以觸感或視覺學習為主導。而且，我知道他們愛用電子產品，但不想他們沉迷電子產品而放棄書本閱讀。所以，弟妹最多會使用YouTube輔助學習，但使用時間比大女兒短暫，每天不超過15分鐘，通常都會播放一些兒歌，或者在書本內容提及的，再從網上找出讀法，希望提高他們對書本的興趣。」

教育專家推介：3種提升腦力教學

教學1：觸感遊戲

適合：0至2歲

學習方法：透過音樂、messy play，以及食物探索，讓幼兒多接觸不同物料的質感，由內至外誘發他們對不同的事物產生興趣。

好處：讓幼兒透過五感，摸、聞、食、聽、望，刺激他們的感官發展，建立學習的基礎，令小朋友感到學習是有趣味的。透過不同物料的狀態、食物等，進行自由探索，讓他們可以從遊戲中學習，多元遊戲能夠訓練嬰幼兒的認知學習能力，如五感發展、大小肌肉、手眼及手腳協調、專注力、社交技能及紀律。

教學2：親子共讀時間

適合：2至3歲

學習方法：成人可與孩子作「對話式閱讀」，當中要隨着孩子的興趣而互動，透過聆聽、提問和提示他們，使他們形容圖畫書時，將詞彙和內容更加豐富。例如父母可停下來提問：「小狗在哪兒？」當孩子指向小狗的圖畫時，父母可指着「小狗」兩字，讓孩子明白該圖畫就是小狗，而文字符號也有相同意思。隨着孩子的理解能力和詞彙增加，家長的提問和提示會更為複雜。

好處：親子溝通和閱讀都是刺激兒童腦部發育的兩大重要元素，親子共讀就是把這兩個元素美妙地結合；父母與孩子一起捧着圖書朗讀，能夠促進孩子專注於成人所引導的活動、語言發展、增進親子關係及社交情緒發展，從而建立語言的表達能力、讀寫、認知和社交情緒技能，為學習打好基礎。沙鳳翎表示，越早培養孩子的閱讀習慣，其學習的根基便越穩固。

教學3：比較遊戲

適合：3至4歲

學習方法：家長可以利用日常物品或玩具，例如準備大約20塊積木，和2個相同大小的透明容器，把積木放進容器內，兩邊積木數量差異必須相當明顯，如一邊約放15塊，另一邊約放5塊。或是可以利用一大一小的氣球，氣球大小差異也必須明顯。

好處：由於接近3歲的孩子已能區辨多少、長短、大小、高矮、輕重等對比的概念，對於「量」的概念在此時期開始逐漸建立。

透過利用孩子認識的生活周遭物品，可讓他們更輕易地建立對「量」的概念。

迷思1：錯過孩子的學習敏感期就無法彌補？

答案：錯誤

專家解答：敏感期是指幼兒或兒童在某個時間段內，學習某種知識和技能會更容易、掌握得更快；過了這個階段學習，就會相對要慢。兒童發展敏感期是由世界著名教育家、蒙特梭利教育法創始人蒙特梭利，在多年的教育實踐中發現的。

對於「錯過孩子的學習敏感期就無法彌補」這個說法，沙鳳翎表示並不認同。由於每個孩子的個性不同，不一定完全符合敏感期的劃分，所以家長應該尊重和順應孩子的發展。另外，敏感期錯過也並非不能彌補，即使孩子沒有在正確的時間獲得正確的經驗或刺激，日後仍然可以學習到這些技能，但一般要花上比較多的時間和精力，因為同一時期，孩子也會有該時期感興趣的事物想接觸。

迷思2：BB遲懂行，真的會聰明點？

答案：正確

專家解答：俗語有云：「三仆、六坐、九扶籬」，意思指寶寶3個月大能轉身，6個月大識坐，9個月大能扶着行路，而6至9個月之間則是訓練BB爬行的好時機。不過，在現今「贏在起跑線」的社會中，港爸港媽都急於訓練，當幼兒甫學識坐，就會立即訓練他們站立及走路。對於此現象，沙鳳翎表示其實BB遲懂行，是會比較聰明點。

有不少研究指出，嬰兒爬得越多，其四肢發育越好，而大腦左右腦協調亦會更趨完善，對日後的學習亦十分有幫助。爬行時，除了能鍛煉走路時所需要的肌肉、懂平衡和身體四肢的協調之外，還能提供機會讓左右腦協調發展，為下一階段的大、小肌肉發展打好基礎。在課堂學習時，孩子需要有良好的坐姿、足夠的耐力、手指（小肌肉）運用靈活、書寫有力並字體端正，這些都與軀幹是否有足夠的固定力、肩膊的固定力及穩定性有關。爬行正好能鍛煉軀幹及腰部的控制力、肩膊的固定力及手腕靈活度。另外，爬行更可提升關節感覺，對孩子日後的書寫能力也有幫助。

公園3個設施
有助寶寶身心發長

專家顧問：鍾惠文博士/註冊物理治療師

　　今年暑假大家不可以外遊，公園內的遊樂設施正是各位小朋友消磨時間的好拍檔。其實這些遊樂設施除了讓小朋友放電，它們更具有不同的功能，幫助小朋友身體不同部位發展。本文特別揀選3款遊樂設施，並邀請專家為大家逐一剖析它們的益處，以及注意事項。

公園設施好處多

公園內的遊樂設施,除了是小朋友免費的娛樂消閒設施外,更是幫助小朋友身體、智能及社群發展的好伙伴。單從表面看,大家未必能想像到,這些遊樂設施原來有這麼多好處,不如看看物理治療師鍾惠文博士的分析,以後家長不要再說讓小朋友到公園玩沒有益處,原來當中可以幫助他們這麼多方面發展。

好處1:增加心肺功能

相信問大家給予小朋友使用這些遊樂設施會有甚麼好處時,不用多思考,大家肯定會答能令他們身體更加強壯。沒錯,這絕對是這些遊樂設施最明顯的一大好處。當小朋友使用遊樂設施時,他們必須運用到大肢體、小肢體、軸心肌肉、前庭器官等,在各方面配合才能好好使用這些遊樂設施。此外,玩的過程需要走動、攀爬,故能夠增加小朋友的心肺功能,對於他們身體及精神上也有好處。

好處2:提高解難能力

這些遊樂設施具有不同難度,小朋友使用時,必須思考如何

才可以順利完成，過程中，能夠提高小朋友的解難能力，學習面對逆境，當他們能夠思考解決方法，並順利完成，可以加強其自信心，提高解難能力，當將來再面對困難時，他們也不會逃避，能夠勇敢面對。

好處3：加強社群合作

當使用這些遊樂設施時，很多時都有與其他人互動、合作的機會，過程中，小朋友可以從中學習與他人合作、溝通，而且使用遊樂設施時，必須要守規則及排隊，透過以上種種，小朋友可以提高社交能力，學習與其他人相處，培養合群性，建立友誼，同時學習守紀律。

好處4：加強邏輯思維

當小朋友面對從未接觸過的遊樂設施時，他們便要思考如何去使用這項設施，這樣可以加強他們的思考能力，多運用小腦袋，提高他們的邏輯思維，多思考對於他們學習有莫大好處。

好處5：提升創意

每項遊樂設施可以有不同玩法，小朋友可以發揮無窮想像力及創意，加入許多新點子，改變傳統的玩法，使平凡遊樂設施變得更富趣味性。所以，在使用遊樂設施時，同時可以啟發小朋友的創意，加強他們的想像力，發揮其小宇宙。

好處6：培養親子感情

當小朋友到公園玩耍時，家長可一起陪同他們玩耍，大家分享歡樂時光，小朋友可以感受家長對自己的關懷，而家長可以更加了解小朋友，這樣能夠增進彼此的親子情。倘若有兄弟姊妹的，大家一起玩耍，亦可以增加手足的感情。

提高邏輯、創意、解難能力

遊樂設施看似只是對小朋友肢體發展有益處，實際上當小朋友使用這些設施時，他們需要經過思考，分析如何使用這些設施，過程中可以提高其邏輯思維、創意、解難能力。由於在使用這些設施時會與其他小朋友有互動，亦可以加強小朋友的社交能力，學習守規則，由此可見，遊樂設施豈止好玩咁簡單！

3種遊樂設施功能逐一講

公園內的遊樂設施種類繁多，今次特別揀選了3項小朋友較常接觸的，並邀請了物理治療師鍾惠文博士為大家剖析它們的好處及注意點，當家長帶小朋友到公園玩耍時，便可以更了解這些遊樂設施對小朋友的益處

① 鞦韆：刺激前庭感覺

玩法：

小朋友坐在鞦韆上，雙手緊握兩邊扶手，家長輕輕推動小朋友向前。　當鞦韆盪向前時，小朋友把雙腳向前伸直。　當鞦韆盪向後時，雙腳向後屈曲。

益智滿分

- 鞦韆屬於前後搖盪的遊樂設施，當小朋友玩鞦韆時，他們需要控制身體前後擺動，這樣能夠刺激其前庭感覺，了解同步位置改變，整合信號給大腦，大腦便會叫身體做出空間位置，前進方向的速度，調節身體姿勢去平衡，藉以加強平衡力；
- 鞦韆能夠訓練專注力。

注意事項

- 鞦韆分有不同類型，分別是輕巧型、保護型及全方位保護型；
- 輕巧型適合3歲或以上小朋友使用；保護型適合1歲半至5歲小朋友使用；至於全方位保護型，適合6個月至1歲小朋友使用。

② 海盜船：**增強平衡力**

玩法：

小朋友先逐一上船，同時坐在座位上，把門鎖上，小朋友扶著兩旁扶手。

家長可以把海盜船向後面擺動。

家長再把海盜船向前面擺動，不停把海盜船向左右兩邊擺動。

益智滿分

- 海盜船與韆鞦同屬於擺動性的遊樂設施，當小朋友使用時，可以刺激他們的前庭感覺，增加他們的平衡力；
- 當海盜船向前後擺動時，小朋友需要憑着大腦傳遞的信息，提醒身體做出空間位置，前進方向的速度，調節身體姿勢去平衡，藉以加強平衡。

注意事項

- 海盜船分別有較大型機動的款式，以及小型以人手操作的款式；
- 人手操作的款式，適合3歲或以上小朋友使用。至於機動的款式，則適合青少年至成人使用。

❸ 氹氹轉：增強手部力量

玩法：

小朋友扶着氹氹轉兩邊扶手。

小朋友慢慢踏上氹氹轉的台階，然後安坐於座位上，扶着扶手。

另一位小朋友在氹氹轉外，向着其中一個方向推動氹氹轉，使其轉動。

益智滿分

- 氹氹轉屬於轉動性的遊樂設施，當它轉動時，小朋友需要保持身體平衡，避免傾向某一方，這樣能夠加強他們的平衡力；
- 為了避免在轉動過程跌倒，小朋友需要緊握扶手，這樣能夠幫助他們的手部發展，使雙手更加有力。

注意事項

- 氹氹轉適合3歲或以上的小朋友使用；
- 當小朋友使用時，必須要有家長陪同，避免發生意外而受傷。